本书得到中央高校基本科研业务费专项资金项目成果（31920150017）资助

# 不对称有机催化反应原理及工业应用研究

李贵花 著

中国原子能出版社

**图书在版编目(CIP)数据**

不对称有机催化反应原理及工业应用研究 / 李贵花著. — 北京 : 中国原子能出版社, 2019.12 （2021.9重印）
ISBN 978-7-5221-0315-0

Ⅰ. ①不… Ⅱ. ①李… Ⅲ. ①不对称有机合成-催化反应-研究 Ⅳ. ①O643.32

中国版本图书馆 CIP 数据核字（2019）第 296268 号

**不对称有机催化反应原理及工业应用研究**

**出版发行** 中国原子能出版社(北京市海淀区阜成路 43 号 100048)
**责任编辑** 杨晓宇
**责任印刷** 潘玉玲
**印　　刷** 三河市明华印务有限公司
**经　　销** 全国新华书店
**开　　本** 787 毫米×1092 毫米 1/16
**印　　张** 9.5
**字　　数** 166 千字
**版　　次** 2019 年 12 月第 1 版
**印　　次** 2021 年 9 月第 2 次印刷
**标准书号** ISBN 978-7-5221-0315-0
**定　　价** 56.00 元

**网址：** http//www. aep. com. cn　　E-mail：atomep123@ 126. com
**发行电话：** 010-68452845
**版权所有　翻印必究**

# 前 言

催化技术是促进化工生产技术不断更迭的主要手段。近年来，不对称催化已经成为有机化学中发展最为活跃的领域之一，尤其是随着相关研究的不断深入，各种高新催化技术和各种类型的新型催化剂相继问世，这使得不对称催化反应在新型手性药物、食品添加剂、农药、香料、电子元器件等方面得到了十分广泛的应用。

不对称催化反应(Asymmetric Catalytic Reaction)是在少量不对称催化剂诱导下，高效率获得手性分子的不对称合成反应。不对称催化反应可以由少量手性催化剂得到大量手性化合物，实现手性增殖，是“最手性经济”的方法。按照是否有金属参与，不对称催化反应大致可分为手性金属配合物催化和手性有机小分子催化两种。其中，手性配体在有金属参与的不对称催化反应中发挥着极其重要的作用，所以设计合成新型的手性配体一直是不对称催化研究发展的重要方向；而手性小分子催化技术随着时代的进步，也逐渐发展成熟起来，在不对称催化中占据的地位越来越重要。

本书在简单回顾有机催化发展历程的基础上，针对典型的不对称有机催化反应的机理及工业应用展开研究讨论。内容共分 10 部分：第 1 章主要就不对称有机催化进行概括性阐述，内容包括手性的基本概念、拆分外消旋转体、手性源合成、催化不对称合成以及手性催化剂等，并对不对称有机合成的发展方向进行了前瞻性展望；第 2 章主要在简单回顾不对称氢化反应的起源与发展的基础上，就不对称氢化反应展开讨论，详细论述了碳-碳双键的不对称氢化反应和碳-氧双键的不对称氢化反应，并简单阐述了不对称氢化反应在药物合成中的应用；第 3 章详细论述了不对称异构化催化反应，内容包括烯丙醇及其衍生物的不对称异构化反应、烯丙胺及其衍生物的不对称异构化反应以及其他底物的不对称异构化反应；第 4 章主要探讨不对称二羟化与氨羟化催化反应；第 5 章重点阐述了不对称氧化与环氧化催化反应，内容包括硫醚的不对称氧化反应、碳-氢键的不对称氧化反应、Baeyer-Villiger 不对称氧化反应、烯丙醇的不对称环氧化反应、非官能化烯烃的不对称环氧化反应，并综合论述了不对称环氧化反应研究的最新进展；第 6 章主要讨论了不对称氢甲酰化催化反应，内容包括不对称氢甲酰化反应的催化剂与反应机理、以手性膦为配体催化的不对称氢甲酰化反应及其应用、离子液体两相不对称氢甲酰化催化反应；第 7 章主要就不对称 Diels-Alder 反应进行了详细阐述，包括手性 Lewis 酸催化剂、不对称杂 D-A反应、季戊四醇支载手性咪唑啉酮催化不对称 Diels-Alder 反应；第 8 章主要是对不对称碳-碳键形成反应中的不对称环丙烷化反应、交叉偶联反应以及 Heck 反应进行详细论述；第 9 章围绕不对称 aldol 反应进行了讨论，包括 Mukaiyama 体系、手性 Lewis 酸催化的不对称 Mukaiyama aldol 反应、金属配合物催化的不对称直接 aldol 反应、有机催化的不对称直接 aldol 反应，并就不对称 aldol 反应在药物合成中的应用进行了举例说明；第 10 章则具体讨论了不对称相转移催化反应，包括相转移催化的基本原理、不对称相转移催化剂、不对称烷基化反应、不对称 Michael 加成反应以及不对称相转移催化反应在药物合成中的应用。

本书逻辑条理清晰、章节安排合理，实用性强，便于读者理解，对于想了解不对称催化反应的初学者来说是一本系统全面的参考书籍；同时，书中列举的大量化合物结构和反应式，对从事化学工程、药物化学的技术人员也有参考价值。总体来讲，本书可供高等院校有机合成专业、化学专业师生以及从事相关工作的研究人员和企业技术人员等参考阅读。

本书是作者在总结大量不对称催化反应研究与教学经验的基础上，广泛收集当前有关不对称催化反应的最新研究成果，进而撰写完成的。在撰写本书的过程中，作者得到了许多同事和专家的热心帮助和大力支持，许多教学和科研一线的骨干教师和相关从业人员为本书提供了大量来自实践中的宝贵经验和意见。在此，特向给作者提供过帮助的机构、教师和专业人士表示真诚的感谢。

作者水平有限，不对称有机催化反应技术又在不断发展，因此本书虽经多次修改完善，仍难免有疏漏和不足之处，欢迎同领域的各位专业人士和广大读者朋友批评指正。

作者

2019 年 11 月

# 目　录

# 第 1 章　不对称有机催化概述

近 20 年来，不对称催化是有机化学领域中发展最为活跃的一个部分。和其他获得手性化合物的方法相比，它能更加高效、经济地获得手性分子。因此，是手性合成中非常具有吸引力和挑战性的研究方向。作为全书开篇，本章将概述不对称有机催化的一些基础知识，以期为全书的研究奠定基础。

## 1.1　手性的基本概念

作为自然界的基本特征之一，手性是一切生命的基础，生命现象依赖于手性的存在和手性的识别。

### 1.1.1 手性的来源

众所周知，碳原子具有四面体结构，如果与碳原子相连的四个原子或者基团各不相同，那么它们在空间的排列方式会有两种，将一种视为实物，另一种就是它的镜像。如同人的手与其镜像不能重合，这两种排列方式也是不能重合的，这就是手性(chirality/handedness)的来源，见式(1-1)。

a, b, c, d　|　a, d, c, b　　(1-1)

这便是立体化学最早的基点，也就是后来称之为对映体(enantiomer)的异构现象。图 1-1 为我们直观地呈现了有机分子的异构及其分类。

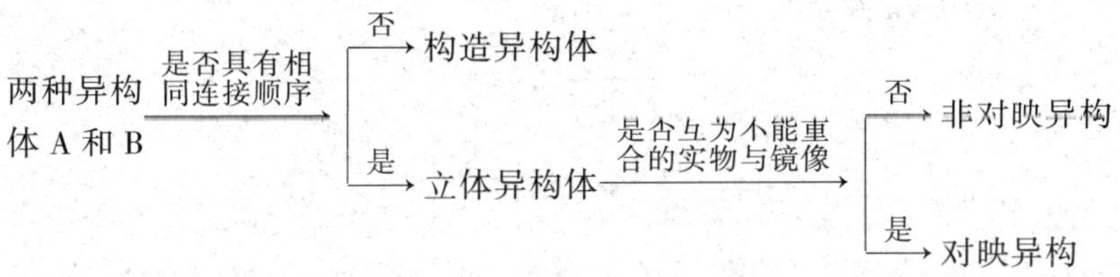


图 1-1　有机分子的异构及其分类

## 1.1.2 手性化合物的对映体纯度测定

对于任何光学活性物质，都需要测定其对映体纯度，判断一个不对称合成反应的价值，评价一种手性催化剂的效果都需要测定其反应产物的对映体纯度，在描述样品的对映体纯度时，最常用的单位是对映体过量(enantiomeric excess，ee)，即样品中较多的对映体超出另一种对映体的程度，可以用下式表示

ee=([R]-[S])/([R]+[S])×100%(R-异构体的对映体过量)。

目前测定 ee 的方法不少，其中最简单的是测定样品的比旋光度，使用最多并可以获得精确结果的是手性的高效液相色谱(HPLC)。此外，还可以通过手性气相色谱(GC)或者采用手性试剂的 NMR 等。

## 1.1.3 获得单一异构体的重要性

由于生命体是一个手性氛围的环境，在生命体中，一对对映异构体的差别十分明显，它们经常表现出不同的生理性能、药理作用。具体如下：

(1)手性药物分子两种异构体的药理作用相同，但药效相差很大。α-芳基丙酸类药物是重要的非甾体消炎镇痛药，这类药品 *S*-(+)-异构体药效比 *R*-(-)-异构体药效要强很多。例如，*S*-萘普生(*S*-Naproxen)的药效比 *R*-萘普生强 35 倍，*S*-布洛芬(*S*-Ibuprofen)药效比 *R*-布洛芬强 28 倍。

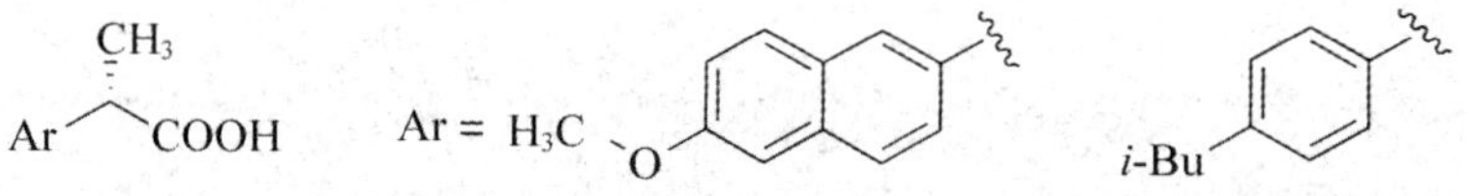

$CH_3$ Ar COOH　Ar = $H_3C$ O　*i*-Bu (1-2)

(*S*)-Naproxen　(*S*)-Ibuprofen

再如，抗菌药氧氟沙星(Ofloxacin)，其左旋体抗菌作用比右旋体强 8～135 倍，右旋体无效且未发现有副作用。

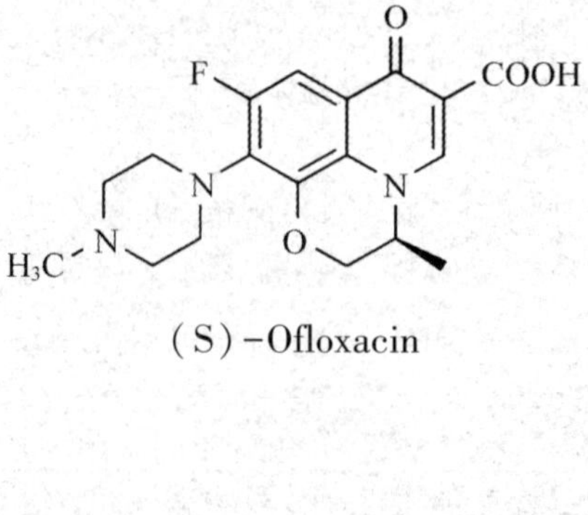

O COOH F N N O $H_3C$ N (1-3)

(S)-Ofloxacin

(2)两种异构体药性相反。例如巴比妥类药物，*N*-甲基-5-丙基-5-苯基巴比妥(MPPB)和5-乙基-5-(1，3-二甲基)丁基巴比妥(DMBB)，它们的(-)-异构体都有抗惊厥活性，而其(+)-异构体具有促惊厥活性。

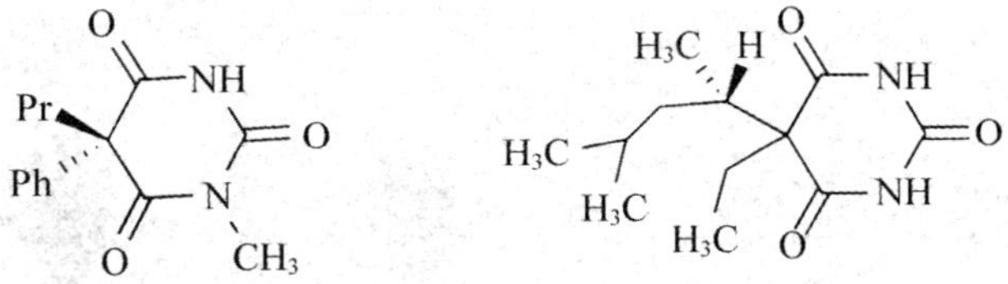

MPPB　　DMBB　　(1-4)

(3)对映体有毒或者引起严重副作用。例如，著名的引起“反应停”事件的药物沙利度胺(Thalidomide)，其两个对映体中，只有 *R*-(+)-对映体具有缓解妊娠反应的作用，而 *S*-(-)-异构体则具有强烈的致畸作用。

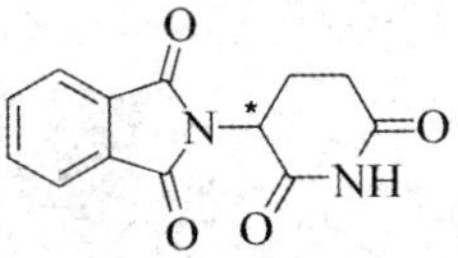

Thalidomide　　(1-5)

(4)两种对映体具有不同的药理作用。比较典型的例子是普萘洛尔(Propranolol)，其(*S*)-异构体是一种治疗心脏病的药，而(*R*)-异构体却是男性避孕药。

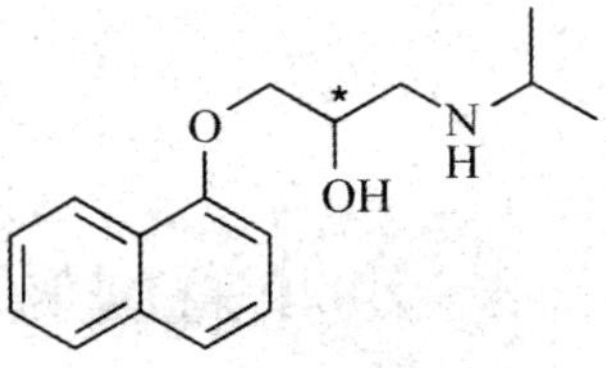

Propranolol　　(1-6)

由此可见，两种对映异构体往往具有不同的药理性质，当两个对映异构体同时存在时，必须将其分开分别给药，因此，获得单一异构体在药物合成中具有重要的意义。目前，获得光学纯的手性化合物主要有如图 1-2 所示的五种途径。

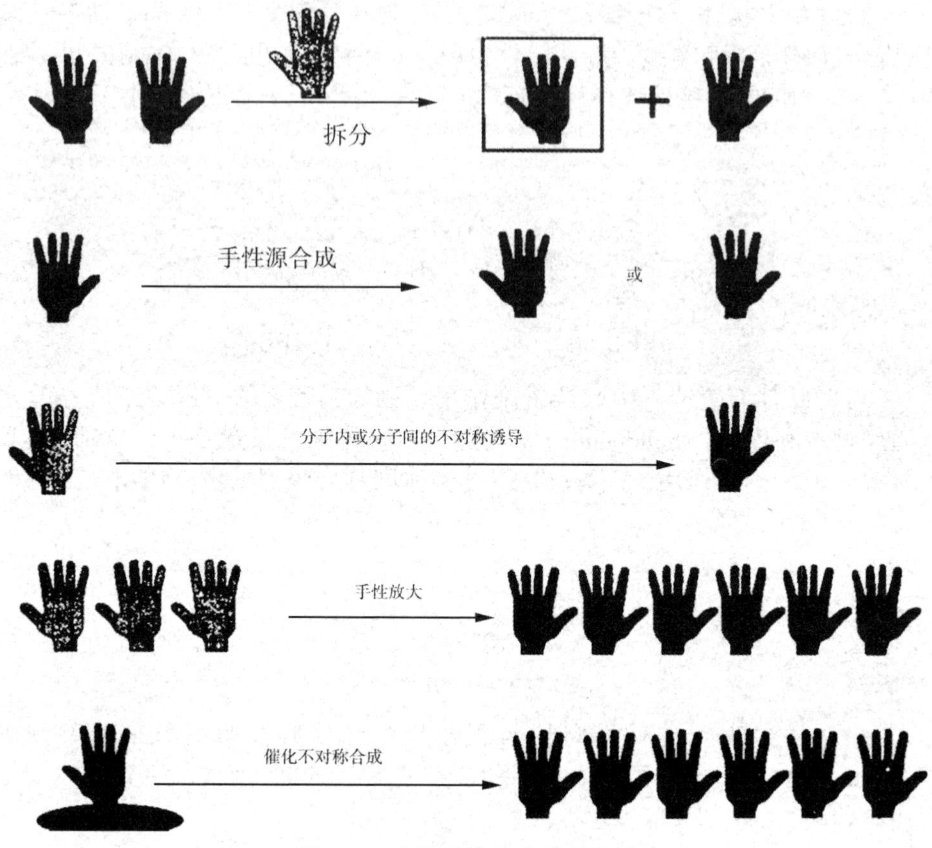


图 1-2　获得手性化合物的方法
（左手和右手分别代表左旋体和右旋体）

## 1.2　拆分外消旋转体

拆分是用物理、化学或生物方法将外消旋体分离成单一异构体。这一经典方法在工业生产中已有 100 多年的应用历史。

### 1.2.1 外消旋体的分类

外消旋体处在气态、液态或者溶液状态时分子可以近乎自由地运动，除了对偏振光的旋转方向相反之外，其他性质都相同，因此在这些状态的时候是无法分开的。但是在晶体中，分子的取向和排列是有序的、相对固定的，这时候，同种对映体之间的晶间力与相反对映体之间的晶间力可能不同，从而会形成三种不同的类别(如图 1-3 所示)。

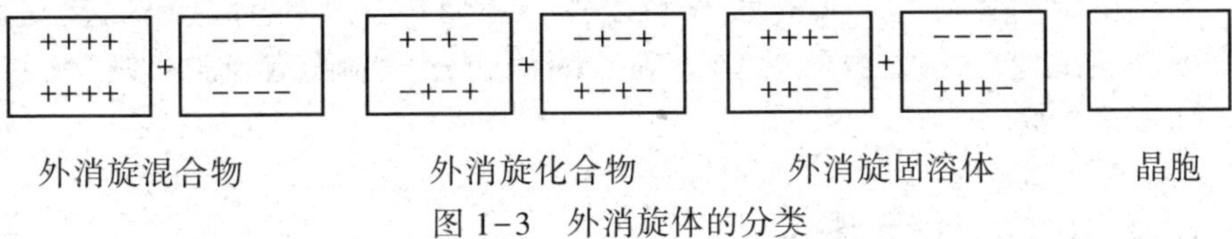


图 1-3　外消旋体的分类

根据外消旋体的不同类型，可以选择使用直接结晶拆分、化学拆分和动力学拆分三种方法。

## 1.2.2 直接结晶拆分

对于外消旋混合物，可以通过直接结晶法来拆分，例如 Pasteur 混合物，可以把两种晶体分拣出来。事实上，这种例子不多，操作也很麻烦，因此缺乏实用性。一种改良方法是诱导结晶拆分，具体做法如下：

在外消旋混合物热饱和溶液中加入一种纯对映体的晶种，冷却，则同种对映体就会附着在晶种上析晶，滤去晶体后，母液重新加热，并加入外消旋体使之饱和，然后加入另一种纯对映体的晶种，冷却，则另一种对映体析晶，如此交替进行，从而可以获得两种对映体纯的结晶。

该方法虽然应用有限，但其工艺简单，成本低，效果好。有时是最理想的进行大批量拆分的方法，在没有纯对映体晶种时，可以用结构相似的其他手性化合物作晶种，有时也能获得成功。

## 1.2.3 化学拆分

对于外消旋化合物，上述方法就很难达到拆分效果，这时候一般需要通过加入手性试剂使得两种对映体转变为非对映异构体，然后利用其物理性质的差异（主要是溶解度的不同)，通过结晶或者重结晶将其分开，再分别释放得到光学纯的两种对映体，这就是化学拆分。其中拆分的关键在于选择合适的拆分试剂和理想的溶剂。

理想的拆分试剂应该具备以下几个条件：

(1)必须容易与外消旋体的两个对映体形成非对映异构体，经拆分后，又容易释放出原来的对映体。

(2)形成的非对映体，至少有一个能形成好的结晶，且溶解度相差较大。

(3)拆分试剂尽量要光学纯。

(4)拆分试剂要易于回收。

化学拆分简单易行，但是也有局限性，主要体现为拆分过程比较冗长，产率不高，适应的底物也不够普遍等，因此，化学拆分越来越难以满足目前实际生产的需求。

### 1.2.4 动力学拆分

动力学拆分的基本原理是：在手性试剂的存在下，一对对映体和手性试剂作用，生成非对映异构体，由于生成此非对映体的活化能不同，反应速度就不同。利用不足量的手性试剂与外消旋体作用，反应速度快的对映体优先完成反应，剩下反应慢的对映异构体，从而达到拆分的目的。

手性试剂是化学量的或催化量的。手性催化剂可以是化学试剂、酶或微生物。未反应底物 ee 值的高低直接取决于两种非对映体反应速率差的大小。

马克华（Marckwald）报道了外消旋的扁桃酸与 0.5 mol 的(-)-薄荷醇进行酯化时，主要生成(+)-扁桃酸-(-)-薄荷醇酯，剩下了没有反应的(-)-扁桃酸。有关动力学拆分最早的生物化学方法是通过发酵制备纯的(-)-酒石酸。在这个例子中，另一个对映体在拆分过程中被破坏了。用于不对称合成的许多酶也涉及动力学拆分。

## 1.3 手性源合成

手性源合成是以天然手性物质为原料，经构型保持或构型转化等化学反应合成新的手性化合物。主要有以下两种方式。

### 1.3.1 直接从天然手性源出发

在天然存在的手性化合物中有含量较大的可以称为手性源的化合物，具体而言主要有以下几大类：

(1)碳水化合物。如糖类，*D*-*D*(+)-葡萄糖、*D*-(+)-果糖、*D*-(+)-木糖、*D*-(+)-半乳糖、*D*-(-)-核糖、*L*-(-)-山梨糖；糖类衍生物，*D*-葡萄糖酸、*D*-葡萄糖胺、*D*-木糖醇、*D*-山梨醇等。

(2)有机酸。如(+)-酒石酸、(+)-乳酸、(+)-抗败血酸、(-)-苹果酸等。

(3)氨基酸。如 *L*-谷氨酸、*L*-天冬氨酸、*L*-赖氨酸、*L*-苯丙氨酸、*L*-

谷氨酰胺、$L$-缬氨酸、$L$-亮氨酸、$L$-异亮氨酸、$L$-组氨酸、$L$-半胱氨酸等。

(4)萜类化合物。如(+)-樟脑、(+)-樟脑酸、(+)-樟脑磺酸、(+)-$\alpha$-蒎烯。

(5)生物碱。如(1$R$，2$S$)-麻黄碱、(-)-辛可尼丁、(+)-辛克宁、(-)-吗啡等。

### 1.3.2 由天然产物化学改造得到

通常，天然手性化合物只含有一种对映体，以它们为原料，利用其手性中心，不用进行复杂拆分，只要在分子适当部位引进新的功能基，就可以制成许多有用的手性化合物。例如，从(+)-酒石酸，(-)-薄荷醇等出发也可以合成很多不同的手性化合物。

## 1.4　催化不对称合成

手性化合物的制备方法已成为化学家面临的重大机遇和严峻挑战。前面我们提及的两种方法虽然都有一定效用，但外消旋体在拆分前制备的外消旋产物至少有一半是不需要的，非常浪费，也不符合原子经济学的要求；手性源合成方法所需要的手性物质数量有限，可采用的手性源在逐渐减少或枯竭，长远来看无法满足人类日益增长的需求。相比较而言，催化不对称合成是目前最理想的不对称合成方法。它仅使用少量的手性催化剂通过反应的催化循环就可以获得大量的手性产物，这是前两种方法无法比拟的。

发展高效高选择性的手性催化剂，使非手性底物转化为纯手性产品，是从事催化不对称合成的化学家所追求的目标。2001 年，三位从事不对称催化/合成的大师威廉·诺尔斯(W. S. Knowles)、野依良治(R. Noyori)以及巴瑞·夏普莱斯(K. B. Sharpless)因在该领域内的卓越成就而获得了诺贝尔化学奖。

如图 1-4 所示，在底物中引入新的手性中心通常有两种形式：一是对碳-碳双键或者碳-杂原子双键的潜手性面选择性加成；二是对非手性化合物的选择性取代。前者包括烯烃的不对称氢化反应、潜手性酮的不对称还原及对羰基的不对称加成反应等；后者则包括 Heck 反应、不对称氨化或碳氢键插入反应等。

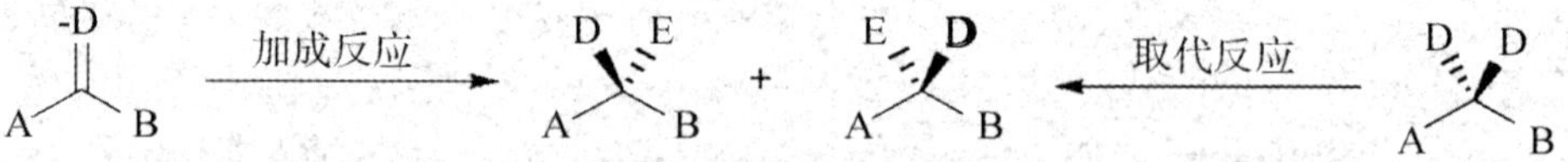

图 1-4　在底物中引入新手性中心的两种形式

产物的立体选择性与相应的反应过渡态能量密切相关。如图 1-5 所示的潜手性酮底物 S 的不对称硼氢化反应及过渡态能量图，手性硼试剂 C′的使用可以使反应产生某种对映体过量的产物，即 Ⅰ 和 Ⅱ 不等量的产物。

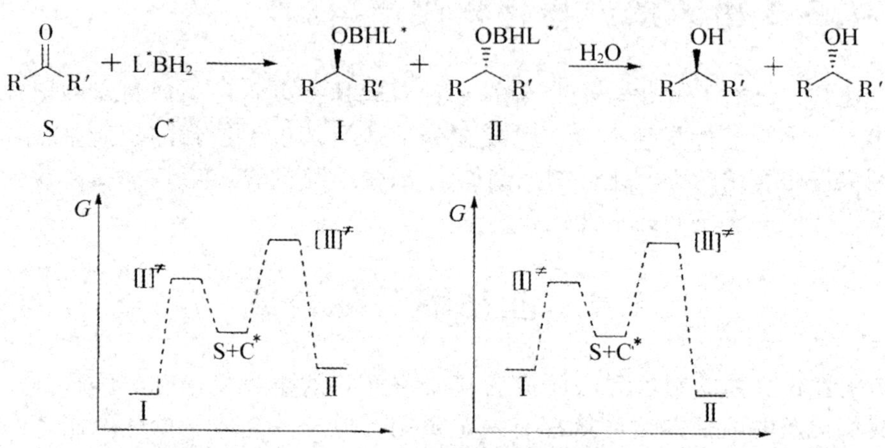


图 1-5　潜手性酮底物 S 的不对称硼氢化反应及过渡态能量图

如图 1-5 所示的 A 和 B 两种情况中，过渡态 ［ Ⅰ ］$^{\neq}$的能量均比过渡态［ Ⅱ ］$^{\neq}$的能量要低，反应生成异构体 Ⅰ 所需跨越的能垒低于 Ⅱ 。如果反应由动力学控制，那么生成产物 Ⅰ 是有利的，Ⅰ 将是主要构型的产物。如果反应受热力学控制，A 和 B 就是不同的两种情况。在情况 A 中，Ⅰ 仍为主要产物；在情况 B 中，Ⅱ 由于其能量低于 Ⅰ，Ⅱ 成为主要产物。因此，对于情况 B，可以通过控制反应条件从而可能选择性地得到两种异构体中的一种。

催化不对称合成反应包括立体选择性反应和立体专一性反应。其中立体专一性反应得到专一构型的产物。而立体选择性则广泛用于描述反应中产生多种立体异构体的情况。它表示一种可能，只要有可能生成多种异构体，即使反应最终只得到一种异构体，这样的反应仍然称作立体选择性反应。因此，得到专一构型的产物的反应不一定是立体专一性反应。

# 1.5　手性催化剂

不对称催化剂与一般催化剂的不同在于，不但要保证较高的产率，还要使产物有较高的光学纯度。在 20 世纪 70 年代初期，酶作为不对称催化剂一直占据主要地位。经过多年的研究，现在已知的不对称催化剂除了酶外还有不对称金属配合物、生物碱等。此外经手性助剂修饰的金属可作为手性多相催化剂。

## 1.5.1 手性配体和手性配合物催化剂

不对称金属配合物催化剂可用 L*n*(M)表示。L 代表不对称配体，*n* 指配体个数，M 代表中心金属离子，主要是过渡金属离子。从表 1-1 可以看出，每一种金属离子都不是万能的，往往只适于一种或几种反应。

**表 1-1　非均相金属催化剂及均相金属催化剂作用下的不对称催化反应**

| 反应类型 | | Ni | Cu | Co | Rh | Pd | Pt | Ir | Ru | Mo | Tl | Fe | V |
|---|---|---|---|---|---|---|---|---|---|---|---|---|---|
| 氧化反应 | C=O | | | × | × | × | × | | × | | | | |
| | C=O | ○ | ○ | ×<br>○ | × | | | × | × | | | | |
| | C=N | ○ | ○ | ○ | ○<br>× | | | | × | | | | |
| 氢甲酰化反应 | | | | × | × | × | | | | | | | |
| 氢氰化反应 | | | | × | × | | | | | | | | |
| 氢硅化反应 | C=C | | | | × | × | | | | | | | |
| | C=O | | | | × | × | × | | | | | | |
| | C=N | | | | × | | | | | | | | |
| 氢烯化反应 | | × | | | | | | | | | | | |
| 交叉偶联反应 | | × | | | | × | | | | | | | |

续表

| 反应类型 | | Ni | Cu | Co | Rh | Pd | Pt | Ir | Ru | Mo | Tl | Fe | V |
|---|---|---|---|---|---|---|---|---|---|---|---|---|---|
| 环丙烷化反应 | | | × | × | | | | | | | | | |
| 聚合反应 | | × | | | | | | | | | × | × | |
| 环氧化反应 | | | | | | | | | | × | × | | × |
| 异构化反应 | | | | × | | | | | | × | | | |
| 胺基化反应 | | | | | | × | | | | | | | |

注：○代表非均相金属催化剂，×代表均相金属催化剂。

优良的手性配体应具备以下几个条件：

(1)底物不对称中心形成时，不对称配体应结合在中心离子上，而不引起溶剂效应。

(2)催化剂活性不应因不对称配体的引入而有所降低。

(3)配体结构应便于进行化学修饰，可用于合成不同的产物。对于不同的催化反应、不同的金属离子，必须选择适当的配体。

目前用到的配体可归为几类，分别是手性膦化物、手性胺类、手性醇类、手性酰胺类及羟基氨基酸、手性二肟类、手性亚砜类和手性冠醚类。其中影响最大和应用最广的是手性膦配体。

## 1.5.2 手性配合物的固载化

### 1.5.2.1 手性配合物通过共价键固载在高聚物上

第一个固载化手性催化剂是在不溶的高聚物上固载的 Rh 配合物催化剂。高聚物固载的 Mn(Ⅲ)Salen 手性配合物业已应用于不带官能团烯烃的不对称环氧化反应。

在多数情况下手性配合物固载化后催化活性降低。高聚物的孔大小和溶剂对催化活性的减少可能起重要作用。

手性双膦配体通过氨基甲酸酯与硅胶键合用于对映体选择加氢，当荷载量增加时中性催化剂的活性降低，这明显表明形成了没有催化活性的氯桥双聚体。而阳离子双膦铑催化剂没有显示彼此相互作用的倾向(活性点分立)。新的一类交联手性过渡金属配合物的高聚体已用于烯烃的化学和对映体选择环氧化。

将配体 **L-1** 的 Rh 和 Ni 配合物锚合到硅胶或 USY 分子筛的硅醇基上，如此制备的手性催化剂用于 N-酰基脱氢苯基丙氨酸衍生物的加氢反应。

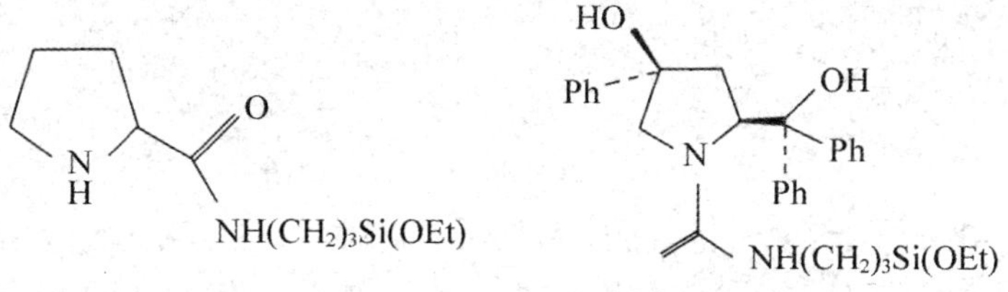

O　NH　H　NH(CH$_2$)$_3$Si(OEt)　　HO　Ph　OH　N　Ph　Ph　NH(CH$_2$)$_3$Si(OEt)　(1-7)

**L-1**　　**L-2**

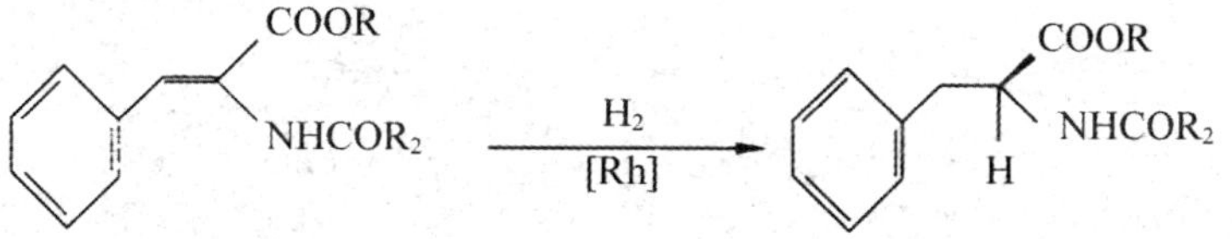

COOR　NHCOR$_2$　$\xrightarrow[\text{[Rh]}]{H_2}$　COOR　NHCOR$_2$　H　(1-8)

固载在硅胶上的配合物的催化活性比未固载的低，然而，固载在分子筛上则相反，同时提高了催化活性和对映体选择性。反应速率的提高可能是由于分子筛对氢的强吸附能力。固载在分子筛上的配合物催化剂可以循环使用而不损失催化活性。

以(2S, 4R)-4-羟基脯氨基酸为配体的二羟基钼手性配合物可以通过共价键固载在 USY 分子筛的表面 **L-2**。

此催化剂可用于烯丙基醇在室温下进行环氧化反应，以 TBHP 作氧化剂。其催化活性不比未固载的配合物低，产物有较高的收率和选择性以及适度的对映体选择性。

#### 1.5.2.2 封装的手性配合物

早已发现手性 Mn(Ⅲ)配合物 **1**(Jacobsen 催化剂)对烯烃不对称环氧化有很高的对映体选择性。但从手性 1，2-环己二胺衍生的配合物难于大量制备；另外，这种配合物催化剂的稳定性很低，因此很难在工业上得到应用。将这类配合物催化剂封装进分子筛孔穴内是开发稳定的手性环氧化催化剂的有效方法。

Jacobsen 催化剂带有 4 个叔丁基，烯烃分子只能从 N-N 桥方向与配合物发生作用。若不带 4 个叔丁基，对映体选择性则降低。但由于存在 4 个叔丁基，配合物分子的体积较大，不能全部封装在 Y 型分子筛主孔穴内(1.3 nm)。将不带叔丁基的类似配合物 **2** 封装的 Y 型分子筛中，并用于环氧化反应，发现其对映体选择性比均相催化低。

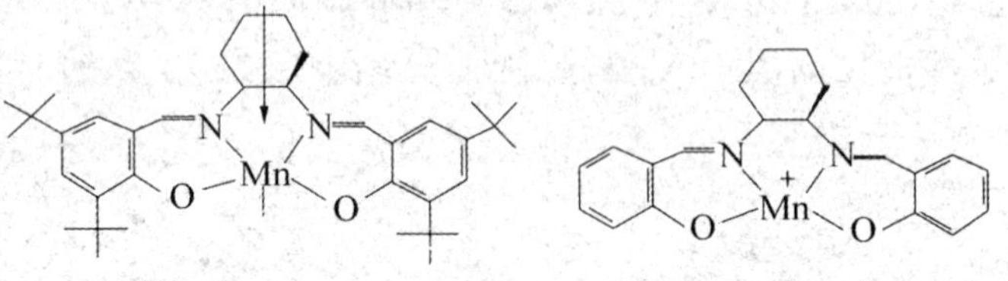

(1-9)

**1** **2**

采用主孔穴较大(1.5 nm)的 EMT 分子筛(丝光沸石结构)，封装下列两种配合物，并用于烯烃的环氧化反应。结果表明，带烷基的配合物 **3** 比不带烷基的配合物 **4** 显现更高的催化活性。

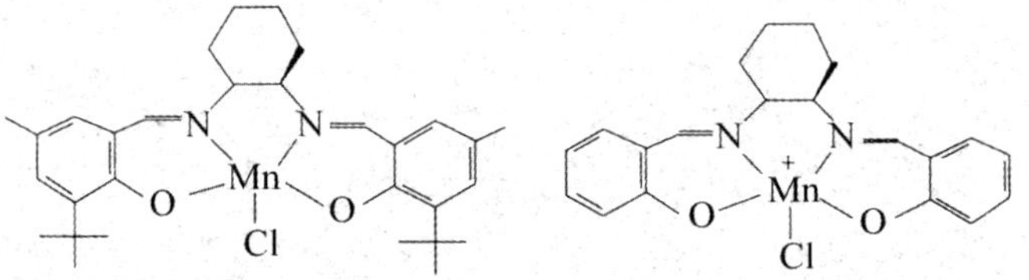

(1-10)

**3** **4**

### 1.5.2.3 离子交换手性催化剂

用含有手性配体的金属配合物修饰粘土可以制备不对称催化剂。粘土具有层状结构，层与层的间隔是有限的，有助于加强手性配体和底物的相互作用，增加选择性。

手性 Rh-膦配合物固载在粘土上可催化前手性有机酸的加氢反应。手性 Rh(Ⅰ)-膦配合物固载在水辉石上用于催化 $\alpha,\beta$-不饱和碳氧酸的不对称加氢反应。产物的立体构型取决于亚甲基丁二酸的 $\alpha$-酯基与膦配体的苯基的相互作用。

BINAP 是对映体选择加氢最有效的手性催化剂，但是它的价格十分昂贵。因此，非常需要将其多相化，以有利回收，减少损失。通过离子交换的方法可以将 Ru(Ⅱ)BINAP 固载在阴离子矿物上。该配合物不会插入粘土的层间，只存在于它的外表面。

### 1.5.2.4 手性催化膜

将手性配合物固载在 PDMS(聚二甲基硅氧烷)膜上就可得到一种新型的

手性催化膜。

Jacobsen 催化剂固载在硅胶或活性碳的表面常常损失它的对映体选择性；如果用分子筛封装，则要求分子筛有较大的孔穴。但是将该配合物(例如 Ru(Ⅱ)/BINAP)固载在 PDMS 膜上是成功的。这样的催化膜用于烯烃环氧化反应，其活性和选择性与均相配合物没有差别，但更加稳定，易于再生和循环使用。

为了减少配合物从 PDMS 膜渗出，要避免使用能溶解配合物的试剂，同时配合物的官能团应当通过离子键、配位键或共价键与聚合物键合。

## 1.6　不对称有机合成的发展方向

有机催化的出现仅仅是十几年前，不对称有机催化领域的发展也只是最近几年的事情，有机催化的不对称合成在实验室或工业上的应用已取得长足进步。然而有机催化的不对称合成研究还有大量工作，下列几个方面的研究特别值得关注：

(1)利用已知的有机催化剂，进一步探讨在各种立体选择性反应中的应用，发展新的反应类型。

(2)利用已知的催化活性基团，构建新的多官能团催化剂。这包括两个方面的工作，一是将两个具有催化活性的基团结合成双官能团催化剂，两个活性基团协同作用，使催化活性大大加强；另一个是两个具有催化活性基团通过一个手性骨架结合，这样不仅使催化活性增强，而且立体选择性也大大增加，特别是对映选择性。这在不对称合成中具有非常广泛的应用前景。

(3)弄清已知催化剂的催化机制，特别是控制对映选择性的因素，以便通过修饰催化剂的结构，优化反应条件，达到最佳的催化效果。

(4)发展新的、应用范围更广、催化效果更好的催化剂。

(5)设计更大更复杂的有机分子，发现新的反应和新的理论。这是非常艰巨的工作，需要科学工作者始终如一的辛勤劳动。同时，可预见不对称有机催化前景广阔，也值得深入研究。

# 第 2 章　不对称氢化催化反应

加氢反应是最常见的有机反应之一，$H_2$分子简单，来源充足，价格又低廉，同时参与的反应产率高，副产物少，因此得到了广泛的研究和应用。本章我们就来探讨不对称氢化催化反应。

## 2.1　不对称氢化反应的起源与发展

传统的氢化反应都是采用非均相反应，如采用钯碳，Raney Ni 等催化剂进行氢化，早期的不对称氢化也采用非均相催化剂催化，得到产物的 ee 往往不高(10%～15%)。1965 年，威尔金森(Wilkinson)发现了第一个均相催化剂 $Rh(PPh)_3Cl$ 之后，人们便把不对称氢化转向均相不对称氢化，合成各种手性膦配体与 Rh(Ⅰ)进行配位形成不对称氢化(asymmetric hydrogenation)的催化剂。

最初，手性膦配体如式(2-1)所示，其手性主要体现在磷原子上，且为单齿配体，因此其对映选择性都不高(3%～15%)。

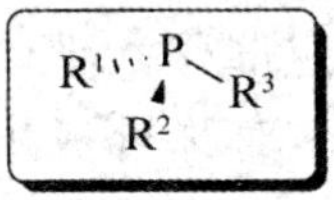

$R^1$, $R^2$, $R^3$=alkyl, phenyl　　(2-1)

后来，人们发现，当磷原子上的取代基之一的适当位置上出现第二个配位原子后，其对映选择性得到较大的提高，如式(2-2)，该类配体多了一种配位原子(O，N，P)，可以与 Rh(Ⅰ)形成更稳定的配合物，从而提高了对应选择性，但是此时手性配体的手性仍然都体现在磷原子的手性上。

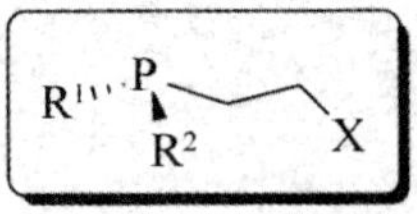

X=OR, $NR_2$, $PR^1R^2$;
$R^1$, $R^2$=alkyl, phenyl　　(2-2)

1971 年，法国科学家卡根(H. B. Kagan)等从天然酒石酸出发，合成了手性双膦配体 DIOP，并用 DIOP-Rh(Ⅰ)配合物催化 $\alpha$ -乙酰胺基丙烯酸酯的不对称氢化反应，其对映选择性达到 80%，从而使得该领域取得了突破性进展，该类配体与前述配体相比，其手性不再局限于磷原子，而是转到碳原子上了。

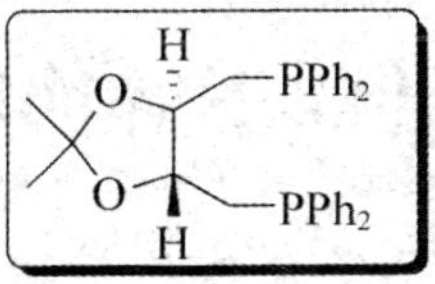

DIOP　(2-3)

同时期，美国孟山多公司的诺尔斯(Knowles)经过多年研究报道了另一种手性双膦配体，*R*，*R*-DIPAMP，其与 Rh(Ⅰ)的配合物可以催化 α-乙酰胺基-3′，4′-二羟基苯丙烯酸的不对称氢化反应，获得 96%以上的 ee 值，并最终用于工业上制备 *L*-多巴。

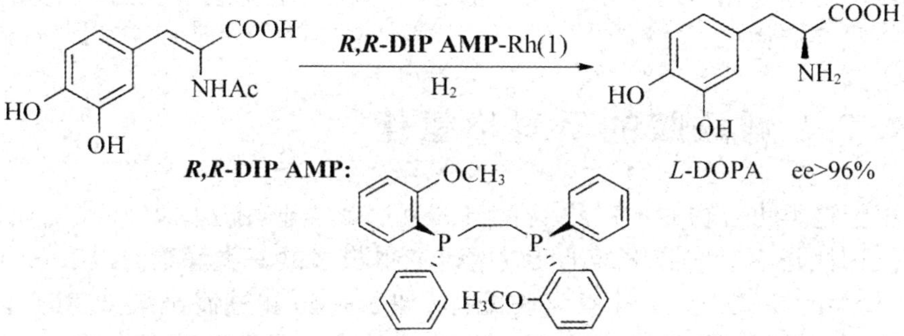

***R*,*R*-DIP AMP**-Rh(1)，$H_2$

***R*,*R*-DIP AMP:**

*L*-DOPA　ee>96%

(2-4)

这两类配体的出现，极大地推动了手性膦配体的研究，此后的几十年，相继出现了数百种手性双膦配体。图 2-1 呈现的是比较经典的几种手性双膦配体。

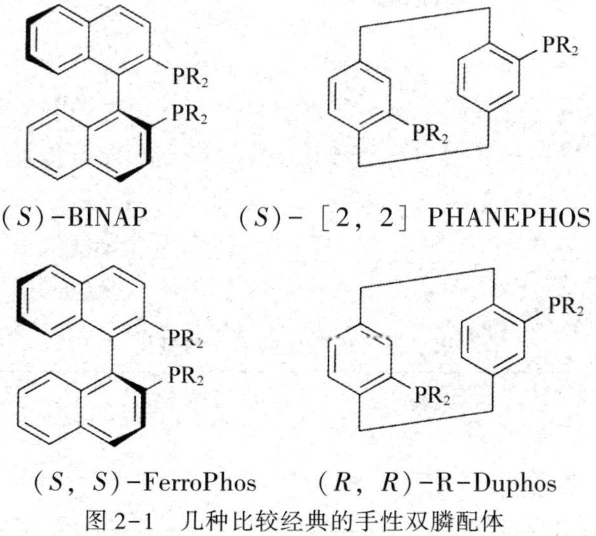

(*S*)-BINAP　(*S*)-［2，2］PHANEPHOS

(*S*，*S*)-FerroPhos　(*R*，*R*)-R-Duphos

图 2-1　几种比较经典的手性双膦配体

## 2.2 碳-碳双键的不对称氢化反应

碳-碳双键在过渡金属催化剂存在下发生氢化反应是一类简单、高效、无污染的反应，并且可形成多达两个的不对称中心，加上双键可有各种取代基，因此这类反应对不对称合成的基础研究和工业应用都具有非常重要的意义。用于碳-碳双键不对称氢化的手性催化剂配体大都为双齿的膦配体，而研究得最多的底物则为烯酰胺、取代丙烯酸和烯丙醇等，因为这些底物经不对称氢化后的光学活性产物是氨基酸衍生物或手性药物的重要中间体或最终产物。

### 2.2.1 烯酰胺的不对称氢化

由于这类化合物的不对称氢化与具有广泛工业用途的氨基酸工业紧密相关，因此是不对称催化氢化反应中研究得最多的一类底物。具有(*Z*)-或(*E*)-构型的烯酰胺在手性双齿膦配体(如 **1** ~ **4**)和过渡金属如 Rh(Ⅰ)和 Ru(Ⅱ)存在下，可高对映选择性地形成光学活性的氨基酸衍生物(式 2-5，表 2-1)。

R, $CO_2R'$, $NHCOCH_3$ —手性配体-Rh(Ⅰ), $H_2$→ R, $CO_2R'$, $NHCOCH_3$ (*R*)/(*S*)

Me Me $Ph_2P$ $PPh_2$ **1** CHIRAPHOS

MeO P P OMe **2** DIPAMP

$PPh_2$ $PPh_2$ **3** BINAP

H O O H $PPh_2$ $PPh_2$ **4** DIOP

(2-5)

表 2-1 烯酰胺的不对称氢化

| R | R′ | 手性配体 | ee/%(构型) |
|---|---|---|---|
| H | H | (*S*, *S*)-**1** | 92(*R*) |
| $Pr^i$ | H | (*S*, *S*)-**1** | 100(*R*) |

续表

| R | R′ | 手性配体 | ee/%(构型) |
|---|---|---|---|
| Ph | H | (*R*, *R*)-**2** | 96(*S*) |
| $MeOCH_2$ | Me | (*R*, *R*)-**2** | 86(*S*) |
| $Pr^n$ | Me | (*R*, *R*)-**2** | 95(*S*) |
| $Pr^i$ | Me | (*R*, *R*)-**2** | 78(*S*) |
| Ph | H | (*S*)-**3** | 87(*R*) |
| $MeOCH_2$ | Me | (*R*, *R*)-**2** | 94(*S*) |

这一反应已用于在工业规模上生产某些重要的氨基酸或其衍生物。如化学合成甜味剂阿斯巴甜的原料之一(*S*)-苯丙氨酸，其生产工艺路线和前述的孟山都公司开发出的生产治疗帕金森氏综合征药物 *L*-多巴，都是这类不对称氢化反应的成功例子。

对这类不对称氢化反应机理的仔细研究表明，烯酰胺与手性双齿膦配体-Rh(Ⅰ)的结合是个快速的反应步骤，其中非对映配合物 **5** 虽为主要异构体，但在加氢反应速度决定步骤中，它却比次要异构体 **6** 要慢得多(速度差异约 600 倍)。因此，在最终产物中反而是由 **6** 转化得到的(*S*)-对映体成为反应的主要产物(如图 2-2 所示)。

烯酰胺的不对称氢化除了用于氨基酸衍生物的合成外，还成功地用于多肽和生物碱等具有重要生理活性化合物的合成。例如，在(*S*)-**3** 和 Ru(Ⅱ)存在下，芳香烯酰胺 **7** 高对映选择性地发生氢化，得到合成异喹啉类生物碱的关键中间体 **8**(式 2-10)。

MeO, MeO, $NCOCH_3$, OMe, OMe　—(*S*)-**3**, Ru(Ⅱ); $H_2$, 404 kPa→　MeO, MeO, $NCOCH_3$, OMe, OMe

(2-10)

**7**　　　　**8**　100%, 99.5%(ee)

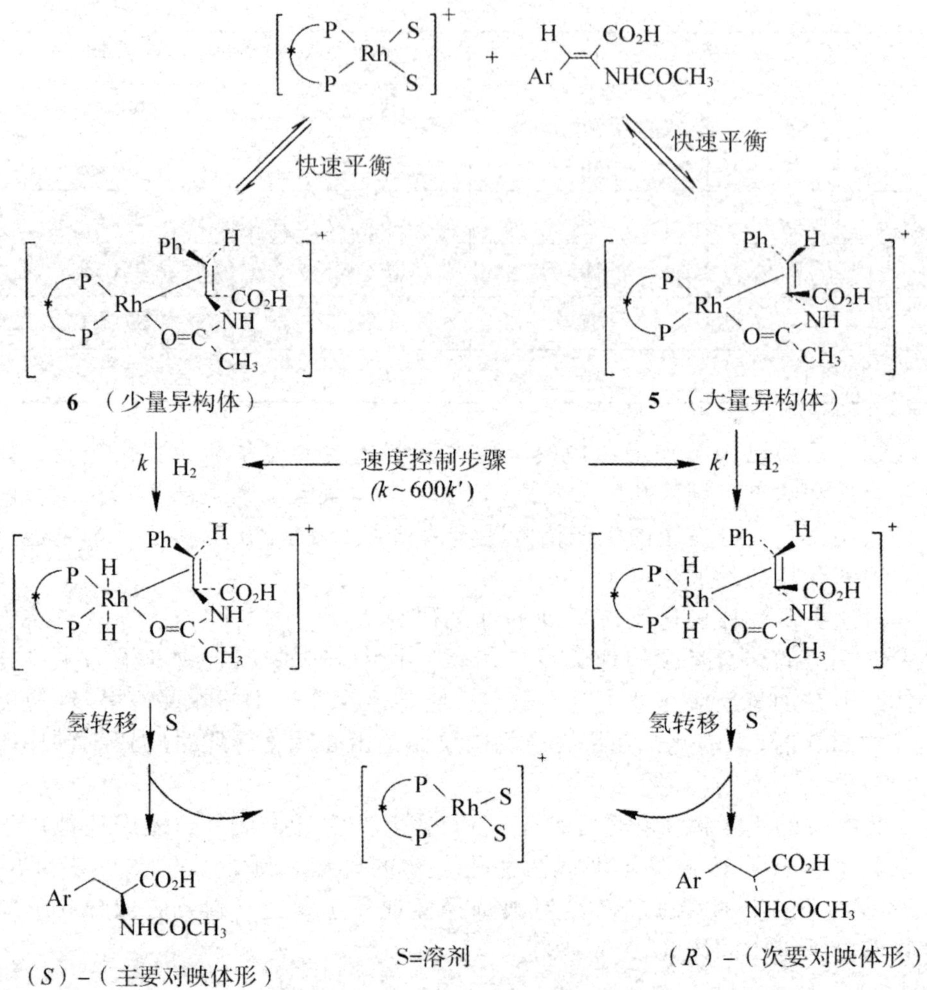


图 2-2　烯酰胺的不对称氢化反应机理

## 2.2.2 取代丙烯酸和烯丙醇的不对称氢化

取代丙烯酸和烯丙醇是另两类广泛研究的不对称氢化反应底物。它们的氢化产物是重要的手性中间体或药物。取代丙烯酸的催化氢化可在手性双齿膦配体和Rh(Ⅰ)或Ru(Ⅱ)存在下进行(式2-11)。

$$R_1(R_2)C{=}C(R_3)CO_2H \xrightarrow[H_2]{\text{手性配体-Ru(II)}} R_1R_2CH{-}CH(R_3)CO_2H$$

（光学活性产物）

9　(2-11)

表 2-2　取代丙烯酸的不对称氢化

| $R^1$ | $R^2$ | $R^3$ | 手性配体 | ee/% |
|---|---|---|---|---|
| Me | Me | H | (*R*)-**3** | 91 |
| H | $Me_2C{=}CHCH_2$ | Me | (*R*)-**3** | 87 |
| Me | $AcOCH_2$ | Me | (*R*)-**3** | 93 |
| H | $HOCH_2$ | H | (*R*)-**3** | 83 |
| Me | Me | Ph | **9** | 95 |
| Me | Et | Ph | **9** | 78 |
| Me | Ph | Ph | **9** | 87 |

$\alpha$-(6-甲氧基萘基)丙烯酸 **10** 在(*S*)-3 和 Ru(Ⅱ)存在下，可高收率、高对映选择性地得到重要的非甾族抗炎药(S)-萘普生 **11**(式 2-12)。尽管该反应需在高压下进行且底物催化剂比(S/C=215)较低，但展示了这类反应的潜在工业应用前景。

$$\mathbf{10} \xrightarrow[H_2,\,1.37\times10^4\ \text{kPa}]{(S)\text{-}3,\ Ru(II)} \mathbf{11}\quad 92\%,\ 97\%(ee) \tag{2-12}$$

**3** 还可高对映选择性地催化取代烯丙醇类化合物的氢化反应，形成具有重要用途的氢化产物。例如，由烯丙醇 **12** 得到的氢化产物 **13** 是维生素 E 和 K 的侧链，$\beta$-内酰胺衍生物 **14** 的氢化产物 **15** 则是合成新一代 $\beta$-内酰胺抗生素陪南(penem)的关键中间体（式 2-13 和 2-14）。

(S)-3,Ru(Ⅱ)
$H_2$,1.01×$10^4$ kPa
OH　　OH

（2-13）

**12**　　**13**　98%，99%(ee)

TBSO　H　H　OH　N　O　H
(R)-TolBLNAP,Ru(Ⅱ)
$H_2$,404 kPa
TBSO　$CH_3$　H　H　OH　N　O　H

（2-14）

**14**　　**15** 99.8%(ee)

## 2.3　碳-氧双键的不对称氢化反应

羰基化合物的碳-氧双键不对称氢化反应有多种方法，常见的有过渡金属(如 Ru，Rh)配合物催化加氢、硼氢化反应、手性氢化铝锂试剂还原及不对称氢转移氢化反应等。通过这样的反应可以制备一类重要的手性化合物——手性仲醇。我们主要介绍前两种氢化反应。

Ru-BINAP 体系在羰基化合物加氢反应中应用最为广泛。它不仅能有效还原各种羰基化合物为手性仲醇，也可以催化还原酮酯类化合物为手性二醇，如通过 Ru-BINAP 催化氢化 2，4 戊二酮为手性 2，4-戊二醇的方法已成为制备手性 1，3-二醇的优选方法之一。

O　O　Ru-BINAP　$H_2$　OH　OH　+　OH　OH

（2-15）

产率>95%，>99.9%(ee)

另外，通过将 Ru-BINAP 二醋酸配合物［Ru（$OCOCH_3$）$_2$（BINAP）］中的醋酸阴离子转换为一些强酸如高氯酸或三氟乙酸阴离子，可以大大提高催化剂催化 $\beta$-酮酸酯氢化反应的催化活性。这可以通过向反应体系中加入二当量的高氯酸或三氟乙酸水溶液实现。而将醋酸阴离子替换为含卤离子的配合物 $RuX_2$(BINAP)催化的 $\beta$-酮酸酯不对称氢化反应给出了比不含卤离子配合物高很多的 ee 值(接近 100%)。

除了 BINAP 外，近年来化学家们还合成了较多的手性配体并将之应用于羰基的不对称氢化反应。过渡金属配合物催化潜手性酮的不对称氢化反应虽然具有催化剂用量少、产率及 ee 值高等优点，是制备仲醇最有效的方法之一。但它亦有局限性，主要表现在它可能会同时还原一些底物中的碳-碳双键。这样，一些 $\alpha$，$\beta$-不饱和酮等底物就不适合用此类方法。而不对称硼氢化反应则可较好地避免这些局限。H. B. Kagan 首先报道了手性硼烷催化苯乙酮还原的研究，但效果不好。而手性噁唑硼烷体系作为一类成功的催化剂，从 20 世纪 80 年代初开始，后经过改进得到了很大的发展。

噁唑硼烷是一类手性硼杂环化合物，其结构如 A 所示。其中最著名的是由 L-脯氨酸衍生的 CBS 催化剂 **16**。由于这类小分子催化剂具有类似酶的行为，所以被称为“化学酶”，同时也有研究者提出了催化反应的机理。

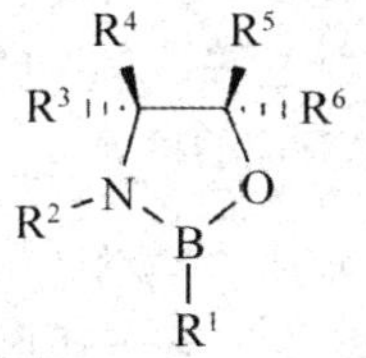

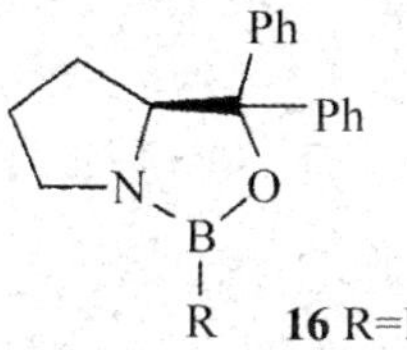

**16** R=H,Me

A　　　　CBS 催化剂

图 2-3 描述了科里(Corey)的 CBS 催化剂催化苯乙酮还原反应的机理：首先是硼烷与环上的氮原子配位形成配合物 **17**，硼烷与氮原子配位后可被活化为氢给体，同时又可以使环上硼原子的 Lewis 酸性增强，从而使环上的硼原子与底物酮中的羰基进行同面配位形成 **18**。硼烷中的负氢离子再经一六元环过渡态分子内迁移至羰基的 Re-面形成 **19**。当羰基被还原后以氧硼烷 **21** 的形式脱离噁唑硼烷 **16**。这个过程可能经过两种途径：

(1)**19** 中与噁唑硼烷上硼原子配位的醇盐配体与配位的 $BH_3$ 通过环消去反应，使 **16** 再生并生成氧硼烷 **21**。

(2)**19** 再与另一分子 $BH_3$ 加成形成六元 $BH_3$-桥化合物 **20**，再分解为硼烷加合物 **17** 和 **21**。**21** 很快发生歧化反应生成二氧硼烷 **22** 和 $BH_3$，从而使 $BH_3$ 中三个氢原子被充分利用。从反应机理可以看出，产物中手性醇的构型可以从与手性噁唑硼烷氮原子相连的手性碳原子的构型预测。化合物 **16** 中的刚性环［3.3.0］使第二分子的 $BH_3$ 必须与氮原子呈反式配位，使产物醇主要以 R 构型为主。

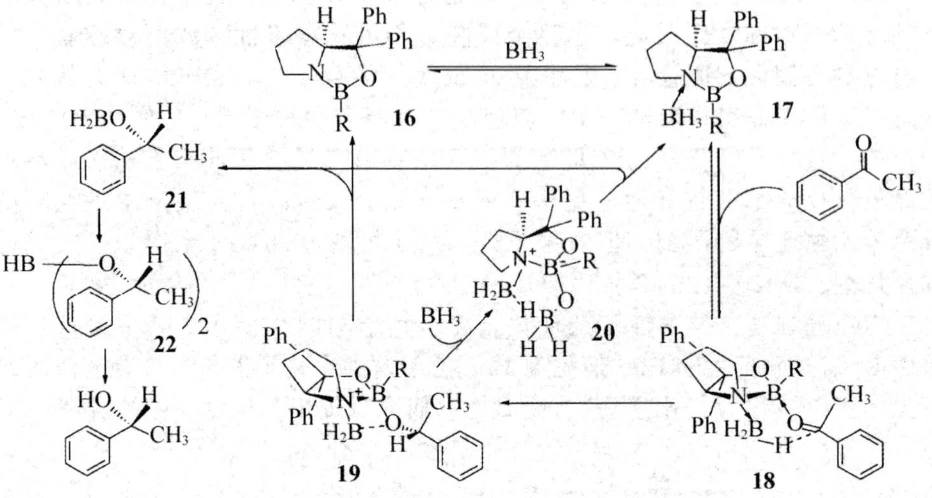

图 2-3 CBS 催化剂催化苯乙酮还原反应的机理

图 2-4 是一些典型的配体，它们与硼烷或烷基硼烷作用可形成噁唑硼烷催化剂，从而有效地催化不对称还原反应。近年来还出现了将 CBS 催化剂固载化后(**26**)用于催化不对称还原反应，固载化后的催化剂具有易回收、可重复利用等优点，对映选择性也非常高。

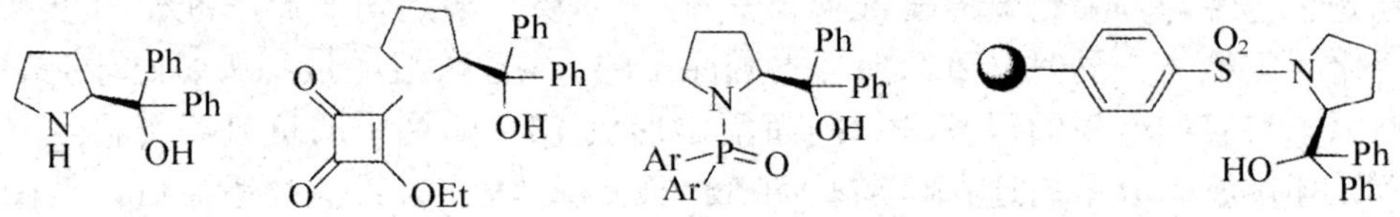

图 2-4 一些典型的用于不对称硼氢化反应的手性配体

不对称氢转移反应也是一类重要的碳-氧双键还原方法。读者有兴趣可查阅相关综述。

## 2.4 不对称氢化反应在药物合成中的应用

不对称氢化反应作为目前在工业中能够使用的为数不多的不对称催化反应，在药物合成中具有重要的应用。目前不对称氢化在药物合成中比较重要的例子如下：

(1)合成 L-多巴。美国孟山多公司的 Knowles 利用(*R*，*R*)-DIPAMP 与 Rh(Ⅰ)的配合物可以催化乙酰胺基-3′，4′-二羟基苯丙烯酸的不对称氢化反应，获得 96%以上的 ee 值，并最终用于工业上制备 *L*-多巴(式 2-4)。

(2) 合成萘普生。Noyori 等使用(*S*)-BINAP-Ru 催化 2-(6′-甲氧基-2′-萘基)丙烯酸的不对称氢化，获得了 97%的 ee，成功应用于非甾体抗炎药萘普生的工业生产(式 2-16)。

(*S*)-BINAP-Ru(OAc)$_2$, $H_2$, 92%

97% (ee) 以上

(2-16)

此外，通过氨基酮的不对称氢化还可以用于合成治疗充血性心衰的 *β* 受体抑制剂(*R*)-Denopamine，抑制 5-羟色胺吸收的抗抑郁药(*R*)-Fluoxetine 等的合成(式 2-17)。

$RuCl_2$-DPDA, $H_2$

97% (ee) 以上

(*R*)-Denopamine

(2-17)

# 第3章　不对称异构化催化反应

过渡金属络合物催化的异构化反应，包括简单的双键迁移和复杂的骨架重排。在过渡金属催化的反应中，双键的迁移是最容易发生的反应之一。目前我们已经发现双键可以在八个或更多个碳原子之间移动。本章将重点讨论双键的迁移，即氢原子的迁移反应。同时，在不对称异构化反应方面，把研究的重点放在烯丙醇和烯丙胺这两类化合物上。

## 3.1　烯丙醇及其衍生物的不对称异构化反应

### 3.1.1 反应概述

烯丙醇和烯丙醚在酸或碱的存在下，很容易发生异构化反应。非手性的过渡金属络合物也是这类化合物异构化反应有效的催化剂。所以，在 $Fe(CO)_5$、$Fe_2(CO)_9$、$CoH(CO)_4$、$CO_2(CO)_8$、$RuH_2(PPh_3)_4$、$[RhCl(CO)_2]_2$或$[Ir(COD)CpPMePh_2)_2]^+$等的存在下，烯丙醇就能够发生异构化生成相应的醛或酮。阳离子铱（Ⅰ）络合物$[Ir(COD)PMePh_2)_2]^+$对于烯丙伯醇的异构化反应表现出异乎寻常的催化活性，但对烯丙仲醇的催化活性却大大减弱。在$[Ir(COD)(PMePh_2)_2]^+$的存在下，结构为 A 的醇的异构化反应的速度很慢，而 B 类型的醇实际上很难发生异构化。

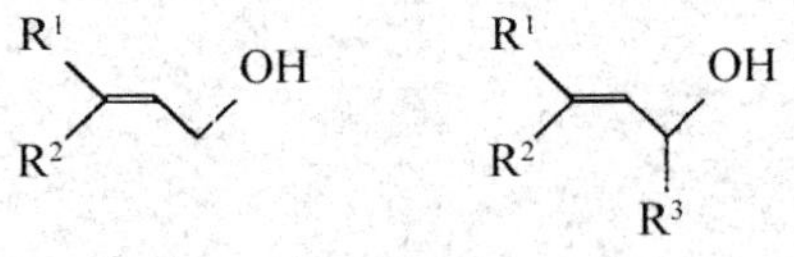


A　　　　B

1976 年，用从 $RhH(CO)(PPh_3)_2$与(−)-DIOP 制备的原位催化剂进行了首次不对称异构化反应的尝试。反应是在 75 ℃下和三氟乙醇中进行的：

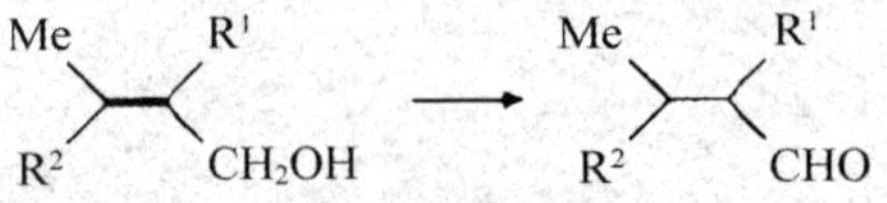

| | $R^1$ | $R^2$ | ee/% | 构型 |
|---|---|---|---|---|
| **1** | Me | H | 4 | 2S |
| **2** | H | Et | 2 | 3R |

尽管上述反应的光学产率很低，但不能不说是一次开拓性的尝试，因为它意味着在烯醇—醛的互变异构中发生了不对称诱导作用，而且也说明了手性催化剂参与了反应过程。形成 **2** 的速度很慢，说明在 $C_3$ 上没有氢原子的丙烯醇很难异构为相应的醛，这就大大地限制了手性催化剂在异构化反应中的应用。

A 类型的烯丙醇 **3** 和 **4** 用阳离子铑(Ⅰ)络合物［Rh(+)-或(-)-binap(COD)］$^+$在四氢呋喃中和 60 ℃下可以顺利地异构化为醛：

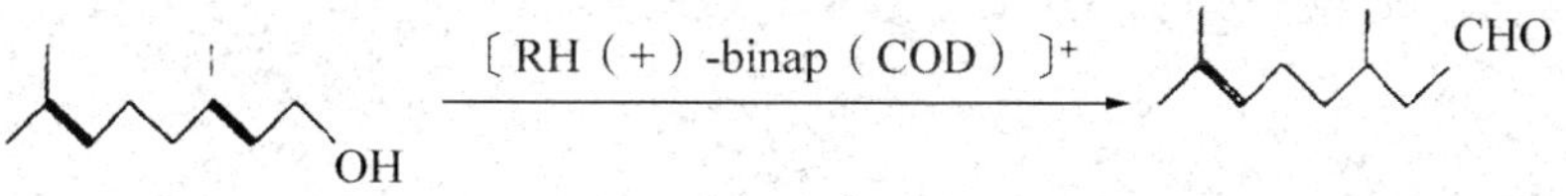

〔RH（+）-binap（COD）〕$^+$

OH　CHO

**3**　37%（ee）（3S）

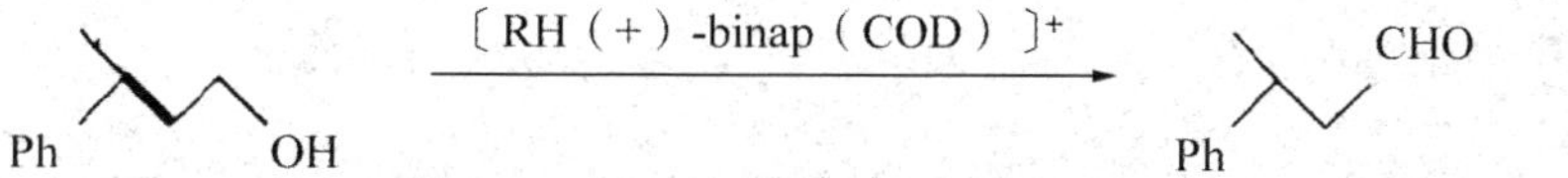

〔RH（+）-binap（COD）〕$^+$

Ph　OH　Ph　CHO

**4**　53%（ee）（3R）

binap　$PPh_2$　$PPh_2$

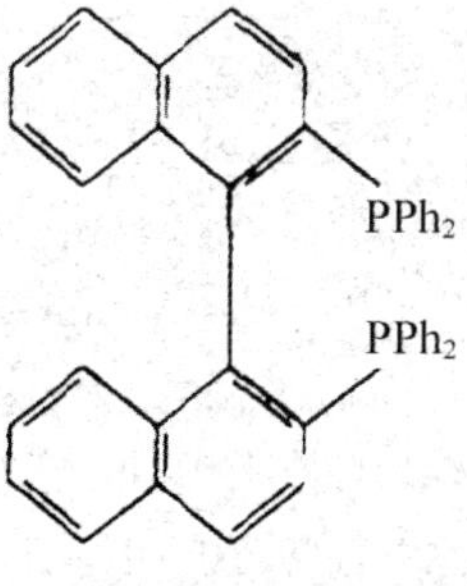

**5**

值得注意的是甚至连具有苯乙烯型共轭结构的醇 **4**，也能在 1%催化剂存在下以较快的速度发生异构化(在 24 小时以后，转化率为 60%)。光学产率虽然还不十分满意，但比起最初的结果，已经是一个很大的进步了。

### 3.1.2 反应机理

在五羰基铁的催化下，线型1，1-二氘化烯丙醇的异构化反应，表明反应是通过分子内1，3氢迁移实现的。

$$H_2C=CHCD_2OH \xrightarrow{Fe(CO)_5} [CH_2DCH=CDOH] \longrightarrow CH_2DCH_2CDO$$

钴-氘络合物催化的烯丙醇异构化反应生成了3-氘代丙醛：

$$H_2C=CHCH_2OH + DCo(CO)_4 \longrightarrow CH_2DCH_2CHO + HCo(CO)_4$$

以环烯丙醇**6**为底物时，五羰基铁催化的1，3-氢迁移反应中，转移氢与配位金属之间是顺式关系。由于环烯丙醇**7**不能发生异构化，所以**6**的1，3-氢迁移应当是1，3-同面氢迁移。

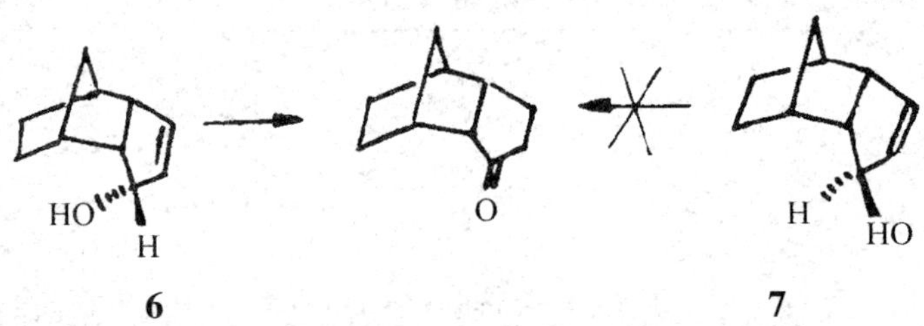


## 3.2 烯丙胺及其衍生物的不对称异构化反应

### 3.2.1 反应概述

人们早就知道，碱能够使烯丙胺异构化，所以叔丁醇钾、在液氨中的氨基钠以及NaH-乙炔二胺等都被用作碱性催化剂。一般地讲，碱的催化作用是非选择性的，也就是双键离氨基很远的烯属胺(olefine amine)也能够异构化生成烯胺(enamine)。

钴(Ⅰ)的络合物$CoH(N_2)(PPh_3)_3$在80 ℃和四氢呋喃中经过15小时可以使叔-烯丙胺**8**和**9**异构化为消旋的反式烯胺**10**和一定量(15%)的二烯胺**11**。铑(Ⅰ)的阳离子络合物$[RhL_2(二烯)]^+$(L=叔二膦)是叔-和仲-烯丙胺有效的异构化催化剂。但是，不论是上面所说的碱催化剂，还是所列举的过渡金属络合物，在潜手性烯丙胺的异构化反应中都是非立体选择的。

$NEt_2$　　　$NEt_2$

**8**　　　**9**

$NEt_2$　　　$NEt_2$

**10**　　　**11**

过渡金属催化的叔–烯丙胺的不对称异构化反应是 Otsuka 小组于 1978 年首先报道的。他们所用的催化剂是二价钴盐、手性膦和 AlH(iBu)$_2$按 1∶3∶3 的比例制成的原位催化剂。但是，单齿配体的手性膦只能给出很低的光学产率。

在 **8** 和 **9** 的异构化反应中，手性二膦可以给出较高的光学产率。**9** 的异构化反应(60 ℃、64～75 h、THF)在 Co–DIOP 催化剂存在下(9/Co/DIOP/AlH(iBu)$_2$=50∶1∶1∶3)的光学产率为 30%(ee)左右，但化学产率仅为 12%。DIOP 的类似物 **12** 在不对称异构化反应中没有改善光学产率，**13** 与 DIOP 相比，不论是催化活性还是对映选择性都有所降低。在不对称氢化反应中，曾给出高达 92%(ee)的 Rh–(S)–(R)–bppfa，在 **9** 的异构化反应中的最高光学产率却没有超过 17%(70 ℃、THF)。

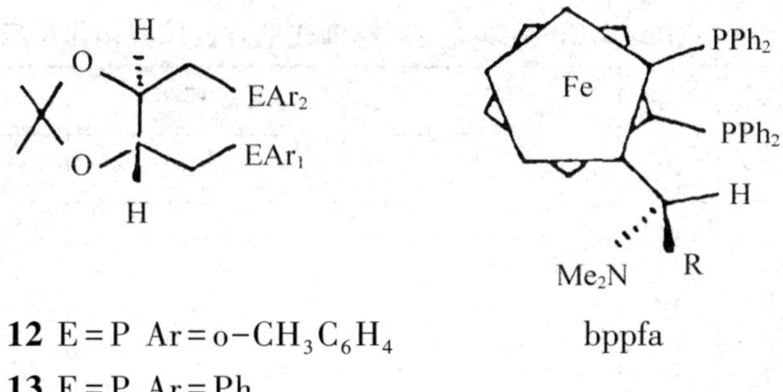


**12** E=P　Ar=o–$CH_3C_6H_4$　　bppfa

**13** E=P　Ar=Ph

在钴催化的异构化反应中，烯丙仲胺 *N*–环己基拢牛儿基胺 **14** 是一个较好的底物。(+)–DIOP–钴催化剂[**14**/Co/DIOP/AlH(iBu)$_2$=100∶1∶1∶3]催化 **14** 的异构化反应生成(3S)–亚胺 **15**，化学产率 95%，光学产率为 46%

(ee)。当使用手性配体 **12** 或 bppfa 时，光学产率进一步有所提高，前者为 58%(ee)，后者为 56%(ee)。在这两种情况下，产物的构型都是 R。

Rh-binap**5** 络合物在烯丙胺的异构化反应中表现出很高的立体选择性(见表 3-1)，但 Co-binap(二价钴盐/binap/$AlEt_3$ = 1 ∶ 1 ∶ 3)络合物在烯丙胺 **9** 的异构化反应中，光学产率却出人意料得低(仅 10%(ee)左右)。

NH-环$C_6H_{11}$ N-环$C_6H_{11}$

**14** **15**

完全烷基化了的 DIOP 类似物 **16**、**17** 和 **18** 具有很强的推电子性，它们的铑络合物在不对称催化反式烯丙胺 **8** 和顺式烯丙胺 **9** 的异构化反应中给出了较好的结果(表 3-1)。反式烯丙胺和顺式烯丙胺的化学产率及立体选择性基本相似；就配体而言，磷原子上的烷基愈大，立体选择性愈高。在所有以酒石酸酯为骨架的二膦配体中，77%(ee)是所获得的最好的立体选择性。然而，完全烷基化了的 DIOP 类似物却没有得到人们的青睐。因为它们的催化活性低，区域选择性也不尽人意。

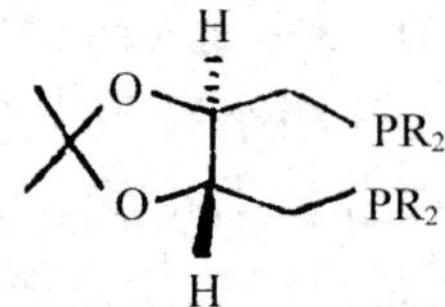


**16** R = 乙基 (-)-乙基 DIOP

**17** R = 异丙基 (-)-异丙基 DIOP

**18** R = 环已基 (-)-环已基 DIOP

**表 3-1 Rh-DIOP 类似物不对称催化的烯丙胺异构化反应**

| 配体 | 底物 | 产物 | 化学产率/% | 区域选择性/% | ee/% | C-3 构型 |
|---|---|---|---|---|---|---|
| (-)乙基-DIOP16 | **8** | **10** | 22 | 76 | 37 | S |
| | **9** | **11** | — | — | 38 | R |
| (-)-异丙基-DIOP17 | **8** | **10** | 16 | 64 | 43 | R |
| | **9** | **11** | — | — | 41 | S |
| (-)-环已基 DIOP18 | **8** | **10** | 13 | 53 | 51 | R |
| | **9** | **11** | — | — | 77 | S |

* 底物：0.44mol/L；底物/Rh：100；反应条件：40 ℃，THF，23 h。

迄今最好的结果是用具有 $C_2$ 对称轴的配体 binap**5** 取得的。Noyori 小组首先报道了 binap 的阳离子铑(Ⅰ)-二烯络合物[Rh((+)-binap)NBD]$^+$ $ClO_4^-$，它的 X-结晶衍射结构如图 3-1 所示。

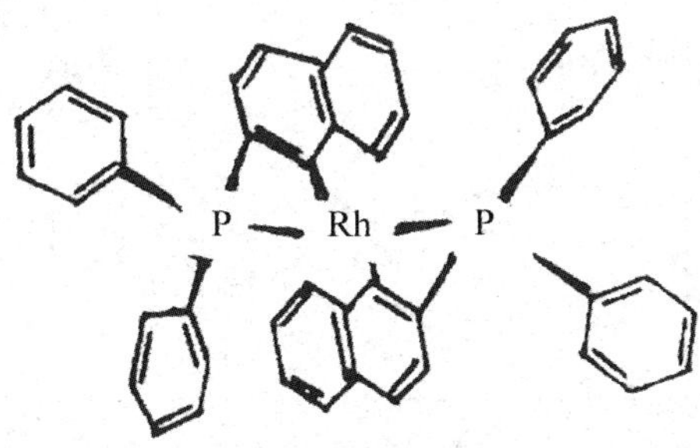


图 3-1　[Rh((+)-(R)-binap)(NBD)]的结构示意图((NBD)被略去)

用 1，5-环辛二烯(COD)可以代替降冰片二烯(NBD)制成阳离子络合物[Rh(binap)(COD)]$^+$$ClO_4^-$。

在 Rh(Ⅰ)-binap 络合物催化剂的存在下，若干烯丙胺的异构化反应的结果汇集于表 3-2 中。

**表 3-2　烯丙胺的不对称异构化反应**

| 底物 | 催化剂 | 产物 | ee/% |
|---|---|---|---|
| $NEt_2$ **8** | [Rh((+)-binap)(COD)]$^+$ | (3S)-**10** | 96 |
| | [Rh((-)-binap)(COD)]$^+$ | (3R)-**10** | 93 |
| $NEt_2$ **9** | [Rh((+)-binap)(S)$_2$]$^{+b}$ | (3R)-**10** | 93 |
| | [Rh((+)-binap)(COD)]$^+$ | (3R)-**10** | 95 |
| | [Rh((-)-binap)(COD)]$^+$ | (3S)-**10** | 92 |
| NMeCy | [Rh((+)-binap)(COD)]$^+$ | (3S)-**19**$^c$ | 91 |
| NHCY **20** | [Rh((+)-binap)(COD)]$^+$ | (3S)-**21**$^c$ | 96 |
| $NMe_2$ | [Rh((+)-binap)(COD)]$^+$ | (3S)-**22**$^c$ | 90 |

续表

| 底物 | 催化剂 | 产物 | ee/% |
|---|---|---|---|
| HO ... NMe$_2$ | ［Rh((+) -binap) (NBD) ］$^+$ | (3R)-**24** | (+11°)$^e$ |
| HO ... NEt$_2$ | ［Rh((-) -binap) (NBD) ］$^+$ | (3R)-**24** | (+12°)$^e$ |

a，底物=0.44 mol/L；底物/［Rh］=100；反应条件：40 ℃，THF，23 h。

b，用 $H_2$(1 atm，25 ℃，5 min)还原[Rh(+)-binap)(COD)]制得的原位催化剂。

c，19 NMeCy

d，22 Ph NMe$_2$

e，原始文献仅给出比旋光度。

从表 3-2 不难看出，在底物的结构、配体 binap 的手性及产物的构型之间存在着明显的镜像关系(图 3-2)。

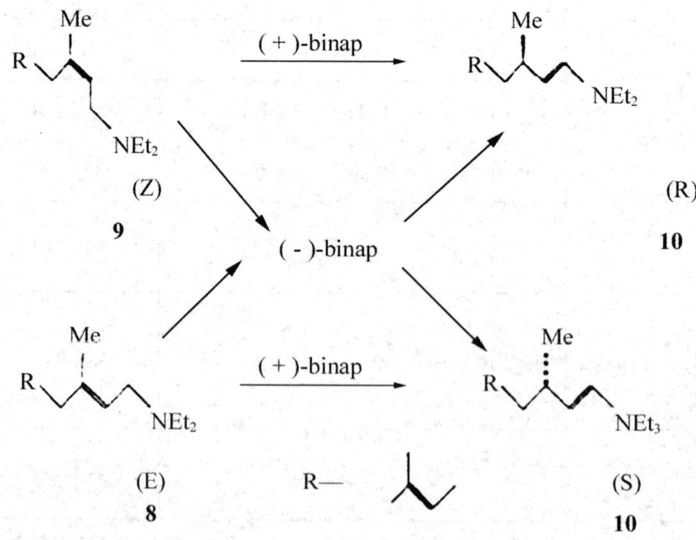


图 3-2 底物结构、binap 手性及产物构型间的镜像关系

同时,在这种镜像关系中我们不难发现,为了得到最高的光学产率,关键是使用单一构型的底物和光学纯度很高的配体(binap)。若使用高纯度的试剂，在 Rh(Ⅰ)-(-)-binap 催化剂的存在下，烯丙胺 **8** 的异构化反应在很宽的温度范围内(40～80 ℃)，光学产率都超过 99.0%(ee)。这种手性识别(chiral recognition)不随温度改变的情况是令人惊奇的。只是在 100 ℃以上，光学产率才开始下降[(100 ℃时 97.6%(ee)，140 ℃时 94.8%(ee))](如图 3-3)。

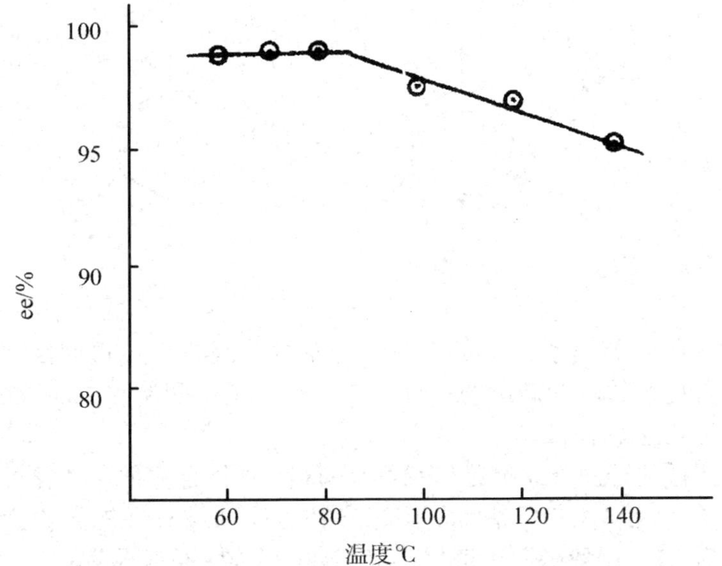


图 3-3　在 [Rh((-) -binap) (COD) ]$^+$$ClO_4^-$ 存在下，
烯丙胺 **8** 异构化反应的光学产率与温度的关系
底物：2.56 mol/L，底物/ [Rh] =8000，THF

二级烯丙胺 **20** 也同样发生异构化反应生成相应的亚胺，而且，化学产率和光学产率都很高(表 3-2)。含有苯乙烯共轭体系的 N，N-二甲基-3-苯基-2-丁烯胺，不仅能够异构化，而且光学产率相当高。

Rh(Ⅰ)-binap 催化剂在异构化反应中表现出很高的催化活性，也就是在极少量的催化剂存在下(底物/Rh=8000)，底物 **8** 和 **9** 就能顺利地异构化。所以，Rh(Ⅰ)-binap 催化剂具有大规模工业生产的应用前景，为不对称合成手性开链烯胺、醛及其衍生物提供了新的合成途径。例如，l-薹醇和(+)-羟基香茅醛的人工合成就是这个方法的杰出应用。

(1)薹醇的合成。烯丙胺 **9** 在催化剂 [Rh-((+)-binap)(COD)]$^+$的存在下，以 95%(ee)的光学产率异构为(3R)-**10**，后者用稀硫酸水锯生成香

茅醛，再经环化和催化加氢生成高光学纯度的l-薄荷醇：

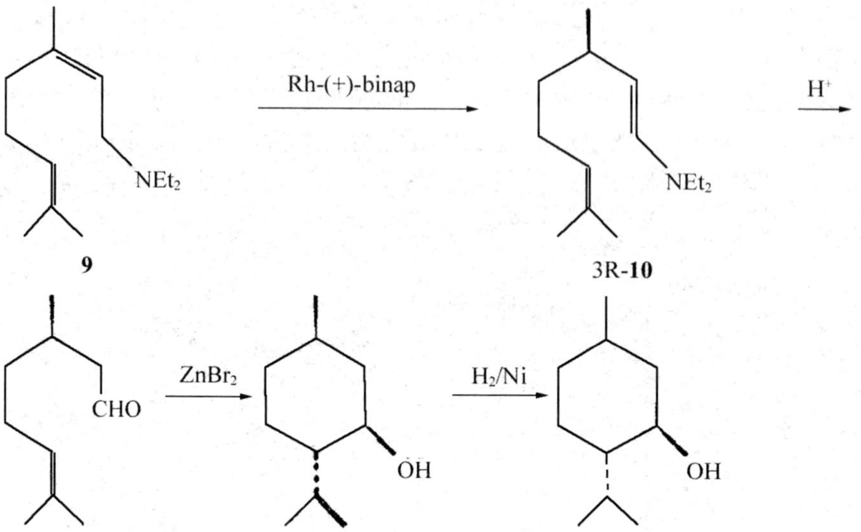

Rh-(+)-binap　　H$^+$

NEt$_2$　　NEt$_2$

9　　3R-**10**

ZnBr$_2$　　H$_2$/Ni

CHO　　OH　　OH

l-薄荷醇

(2)(+)-7-羟基香茅醛的合成。羟基香茅醛是无色透明液体，在稀释时有类似菩提、铃兰和新鲜的青草香气，广泛用于配制香7K香精。但天然产物中不存在这种香料。

光学活性的羟基香茅醛是以烯丙胺**23**为原料合成的。在铑的阳离子络合物存在下，这种含有羟基官能团的底物也能区域有择地异构为相应的光学活性烯胺**24**，用稀硫酸水解后，就得到(+)-7-羟基香茅醛：

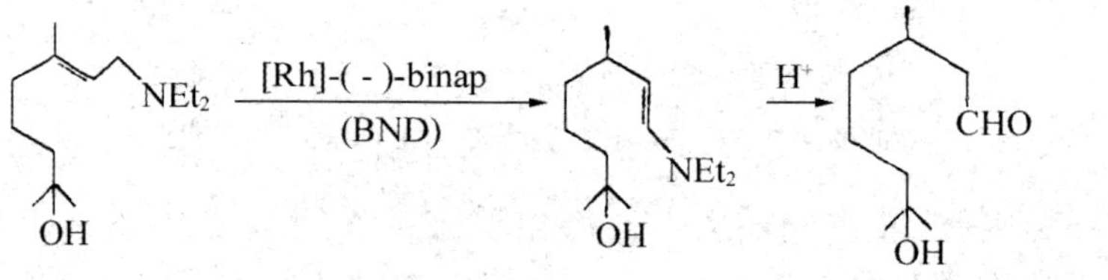

NEt$_2$　　[Rh]-(-)-binap (BND)　　H$^+$　　CHO

OH　　NEt$_2$　　OH　　OH

**23**　　(3R)-**24**　　(+)-7-羟基香茅醛

## 3.2.2 反应机理

过渡金属络合物催化的烯烃异构化反应的机理，文献报道较多的主要有两种类型：金属氢化络合物催化的加成/消除机理(氢的1，2-迁移)和生成金-π-烯丙基络合物中间体的机理(氢的1，3-迁移)。

由Rh(I)-BINAP阳离子络合物催化的烯丙胺不对称异构化反应的机理如图3-4所示。

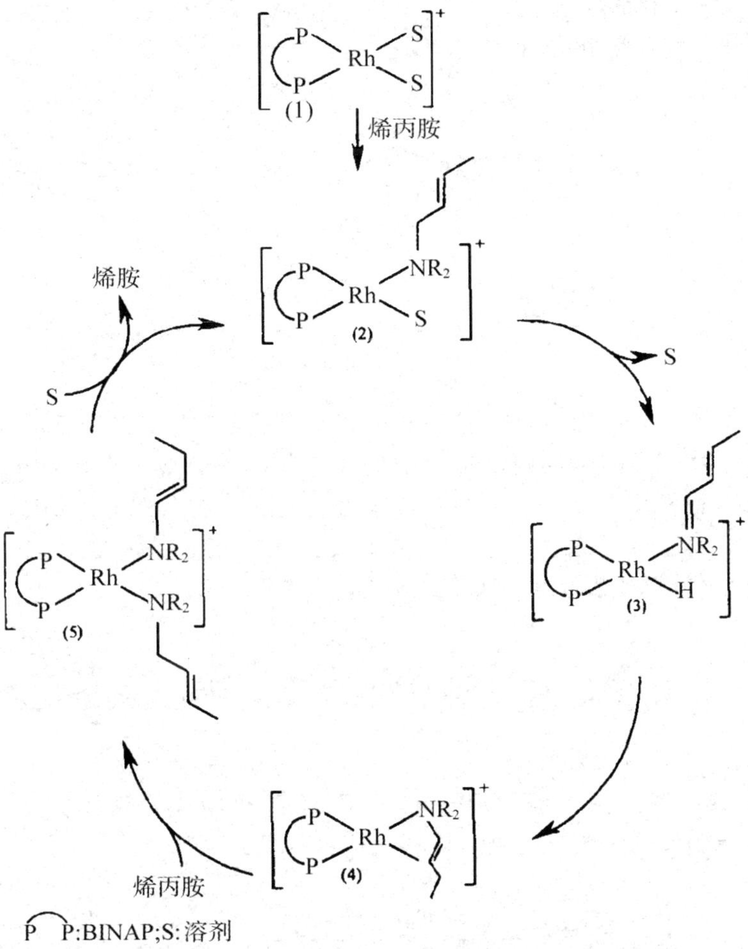

P　P:BINAP;S:溶剂

图 3-4　烯丙胺不对称异构化反应机理

反应是由配体的交换引发的，溶剂 S 被烯丙胺取代，氮原子与 $Rh^+$配位生成络合物(2)。平面四边形的络合物(2)发生$\beta$-H 消除反应，并释放出溶剂分子 S，生成不稳定的瞬间存在的亚胺阳离子-Rh-H-络合物(3)。H 原子由金属铑转移到 C(3)上，络合物(3)转化为 $\eta^3$-烯胺络合物(4)。N-烯丙型络合物(4)在反应中起了关键作用。反应物烯丙胺取代络合物(4)中双键的配位位置生成反应物-产物混合络合物(5)。从络合物解离出产物烯胺，重新生成络合物(2)，从而完成催化循环。

反应的实质是 1，3-氢迁移反应。

为了进一步证实该反应机理，研究人员研究了 $[Rh(BINAP)(COD)]^+$催化的重氢标记的 1，1-二氘代烯丙胺 **25**-$d_2$的异构化反应。将标记化合物

**25**-$d_2$和非标记的烯丙胺 **25** 等量混合进行反应，反应生成了 1，3-二氘代烯胺 **26**-$d_2$和非氘代烯胺 **26** 的混合物(式 3-1)。

$$\underset{\mathbf{25}\text{-}d_2}{\text{Ph-C(CH}_3\text{)=CH-CD}_2\text{-NMe}_2} + \underset{\mathbf{25}}{\text{Ph-C(CH}_3\text{)=CH-CH}_2\text{-NMe}_2} \xrightarrow[\text{THF,60 ℃,23 h}]{[\text{Rh(+)-BINAP(COD)}]^+} \underset{\mathbf{26}\text{-}d_2}{\text{Ph-CD(CH}_3\text{)-CH=CD-NMe}_2} + \underset{\mathbf{26}}{\text{Ph-CH(CH}_3\text{)-CH=CH-NMe}_2} \tag{3-1}$$

反应结果表明，异构化反应是通过分子内的 1，3-氢迁移反应完成的。

为了研究在烯丙胺异构化过程中的立体化学，合成了重氢标记的(*R*)-*N*，*N*-二乙基香叶胺，(*R*)-27-1-d 作为反应物，在［Rh(*S*)-BINAP($CH_3OH)_2$］$ClO_4$作用下，发生异构化反应生成(*R*)-(*E*)-烯胺 **28**，反应结果表明是 C(1)上的质子发生了迁移(式 3-2)。

$$(R)\mathbf{27},\ S\text{-反} \xrightarrow{[\text{Rh}(R)\text{-BINAP}]^+} (R)\text{-}\mathbf{28} \tag{3-2}$$

如果(*R*)-**27** 同催化剂［Rh(*R*)-BINAP］$^+$作用，生成(*S*)-(*E*)-烯胺 **29**，结果表明发生了 1，3-重氢迁移反应(式 3-3)。

$$(R)\text{-}\mathbf{23},\ S\text{-顺} \xrightarrow{[\text{Rh}(R)\text{-BINAP}]^+} (S)\text{-}\mathbf{25} \tag{3-3}$$

两个反应的光学产率都是 97.2%(ee)。

该反应结果表明，氢迁移的方式和反应底物的构象之间有着密切的关系。分子轨道的研究表明，游离烯丙胺的稳定构象是 *S*-反构象［指 C(2)-C(3)间的双键和二乙胺基之间］，而 *S*-顺构象是不稳定的。实验结果表明在 S-反构象发生的 1，3-氢迁移是同面迁移，而 *S*-顺构象发生的 1，3-氢迁移是异面迁移。

由此可以认为，前手性烯丙胺 C(3)双键的对映面选择并不是通过双键的 π-配位直接进行的，而首先是氮配位，从稳定的 *S*-反构象发生立体专一的 C(1)的 $\beta$-H 消除反应生成瞬间存在的亚胺阳离子络合物，然后通过 1，3-同面氢迁移反应实现氢原子对映选择性的迁移到 C(3)上。

# 3.3　其他底物的不对称异构化反应

## 3.3.1 烯丙基亚胺基醚的不对称异构化反应

烯丙基亚胺基醚 **29** 在手性钯络合物催化剂 **31** 作用下异构化为相应的烯丙基酰胺 **30** 的反应最早是由 Overman 等报道的(式 3-5)。

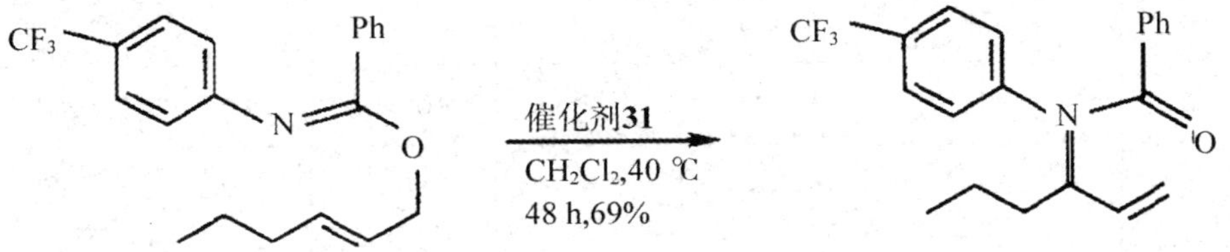

催化剂**31**，$CH_2Cl_2$,40 ℃，48 h,69%

**29**　　**30** 55%(ee)

(3-5)

改变催化剂 **31** 中的桥联卤素和配位的阴离子得到一系列的 Pd-N 阳离子双核络合物 **32** ~ **37**，这些络合物在催化式(3-5)表示的异构化反应中都只得到了中等程度的光学产率。

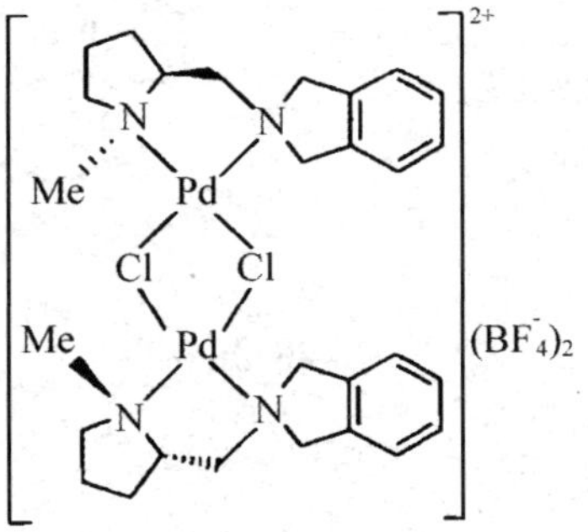

**31**

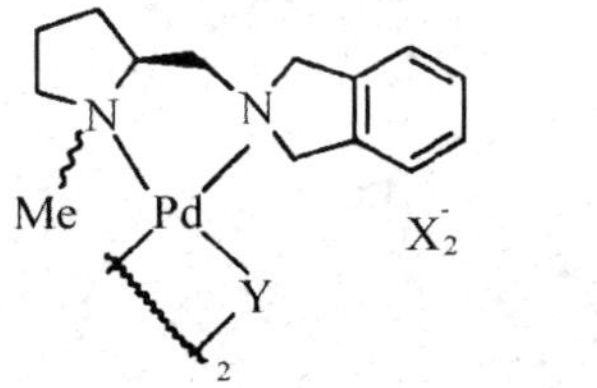

**32**：$X = SbF_6$，$Y = Cl$

**33**：$X = PF_6$，$Y = Cl$

**34**：$X = BF_4$，$Y = Br$

**35**：$X = OTf$，$Y = Cl$

**36**：$X = OTf$，$Y = I$

**37**：$X = OTf$，$Y = SCN$

表 3-3 所列的结果显示，改变催化剂的结构并不能改善反应的对映选择性。只是当使用催化剂 **35** 时，用硝基苯作溶剂能使反应的速度大大加快，但反应的对映选择性并未改变。

**表 3-3　催化剂 32 ～ 37 催化的烯丙基亚胺基醚 29 的不对称异构化反应**

| 序号 | 催化剂 | 反应条件 | | | 产物 30 | |
|---|---|---|---|---|---|---|
| | | 溶剂 | 温度/℃ | 时间/d | 产率/% | ee/% |
| 1 | **32** | $CD_2Cl_2$ | 40 | 5 | 68 | 48 |
| 2 | **33** | $CD_2Cl_2$ | 40 | 5 | 75 | 50 |
| 3 | **34** | $CD_2Cl_2$ | rt | 18 | 47 | 51 |
| 4 | **35** | $CD_2Cl_2$ | 40 | 3 | 66 | 56 |
| 5 | **35** | $PhNO_2$ | 40 | 10(h) | 68 | 50 |
| 6 | **36** | $CD_2Cl_2$ | 40 | 8 | 25 | 30 |
| 7 | **37** | $CD_2Cl_2$ | 40 | 6 | <20 | 28 |

有研究者报道了在钯阳离子络合物 $PdCl_2$-(*S*)-Bn-Phox(R=$CH_2$Ph)/$AgBF_4$**38** 催化的烯丙基亚胺基醚 **39** 的不对称异构化反应，反应最高的光学产率为 81%(ee)(式 3-6)。

$CF_3$　Ph　N　O　催化剂38　$CF_3$　O　N　Ph

(3-6)

**39**　　**40** 80%(ee)

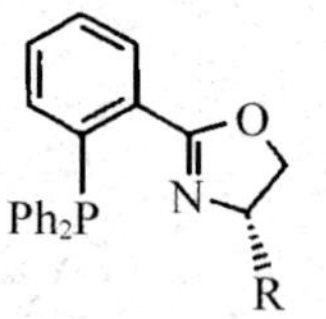

$Ph_2P$　N　O　R

(*S*)-Bn-Phox(R=$CH_2$Ph)

**38**

烯丙基亚胺基醚的不对称异构化反应属于 N-Claisen(克莱森)重排反应，是过渡金属催化的不对称［3，3］-迁移反应。

## 3.3.2 O-烯丙基硫代氨基甲酸酯的不对称重排反应

在手性二膦配体 **41** 存在下，Pd(0)络合物催化的外消旋 O-烯丙基硫代氨基甲酸酯 **42** 几乎定量地生成光学活性的 S-烯丙基硫代氨基甲酸酯 **43**，反应具有很高的光学产率(式 3-7 和 3-8)。

**41**　　*rac*-**42**　**a**:R=Me　**b**:R=Et　$\xrightarrow[\text{CH}_2\text{Cl}_2\text{rt}]{\text{Pd}_2(\text{dba})_3\cdot\text{CHCl}_3,\ \mathbf{41}}$　(*R*)-**43**

(3-7)

| R | 产率/% | ee/% |
| --- | --- | --- |
| Me | 92 | 91 |
| Et | 94 | 92 |

rac-**44**　$\xrightarrow[\text{Ch}_2\text{Cl}_2\text{,rt},\ \mathbf{41}]{\text{Pd}_2(\text{dba})_3\cdot\text{CHCl}_3}$　(*S*)-**45** 94%，97%(ee)

(3-8)

(*S*)-**45** 的皂化反应生成烯丙基硫醇 **46**，光学纯度为 97%(ee)［式(3-9)］。

**45**　$\xrightarrow{\text{NaOH,H}_2\text{O}}$　**46** 97%(ee)

(3-9)

## 3.3.3 环状烯丙基缩醛的不对称异构化反应

具有对称结构的环状烯丙基缩醛在手性钌催化剂作用下发生去对称性的双键迁移反应，生成环状的乙烯基缩醛。具有光学活性的环状乙烯基缩醛在有机合成中有广泛的应用。

有研究者等报道了2-取代-5-亚甲基-1，3-二氧杂环己烷 **48** 在$Ru_2Cl_4(DIOP)_3$**47** 催化作用下，发生不对称异构化反应，生成2-取代-5-甲基-4-H-1，3-二氧杂环己烯 **49**(式3-10)。

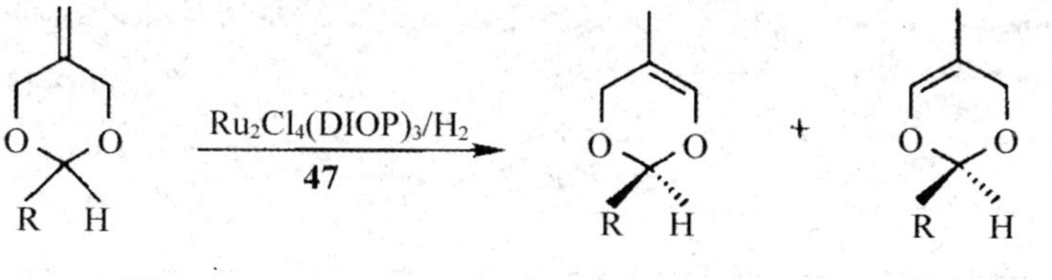

$Ru_2Cl_4(DIOP)_3/H_2$ **47**

**48** → **49** (3-10)

反应底物48中当R=t-Bu时，反应获得的光学产率为12.8%(ee)，当R=Ph时，光学产率为37.6%(ee)。反应中未发现氢化反应产物。

使用$NiBr_2$［(-)-DIOP］/$LiBHEt_3$作催化剂时，**48** 的不对称异构化反应以最高92%(ee)的光学产率生成 **49**。

环状烯丙基缩醛2-叔丁基-4，7-二氢-1，3-二氧杂环庚烯 **51** 在催化剂$NiCl_2$［(-)-Chiraphos］/$LiBHEt_3$**50** 作用下，发生不对称异构化反应以67%(ee)的对映选择性生成具有光学活性的2-叔丁基-4，5-二氢-1，3-二氧杂环庚烯 **52**(式3-11)。

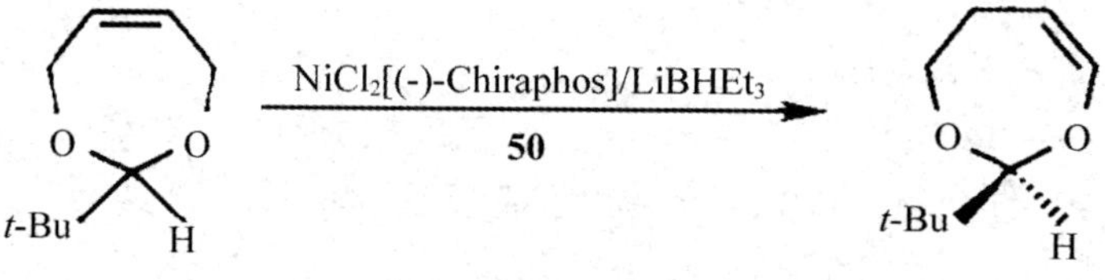

$NiCl_2$[(-)-Chiraphos]/$LiBHEt_3$ **50**

**51** → **52** (3-11)

还有研究发现($\eta^6$-芳基)钌半三明治式络合物［($\eta^6$-$i$-$PrC_6H_4Me$)Ru(Pesa)Ⅰ］**53** 在2-正丁基-4，7-二氢-1，3-二氧杂环庚烯 **54** 的去对称性反应中是反应活性和对映选择性都很好的催化剂。反应生成的2-正丁基-4，5-二氢-1，3-二氧杂环庚烯 **55** 的光学产率为61%(ee)(式3-12)。

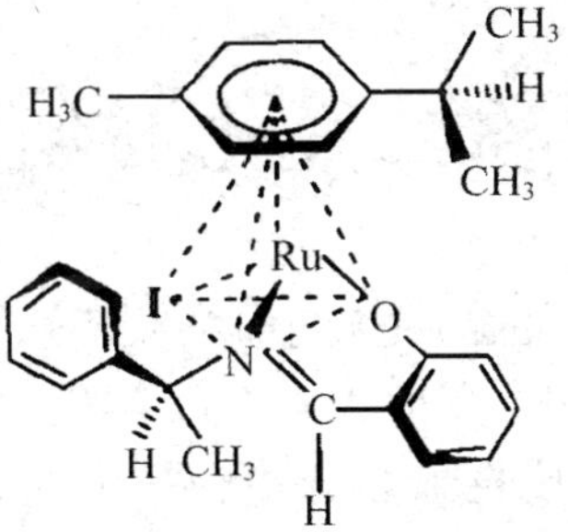

H$_3$C　CH$_3$　H　CH$_3$　Ru　I　O　N　C　H　H　CH$_3$　H

（$R_{Rn}$， Sc）-**53**

[（$\eta^6$-$i$-PrC$_6$H$_4$Me）Ru（Pesa）I]

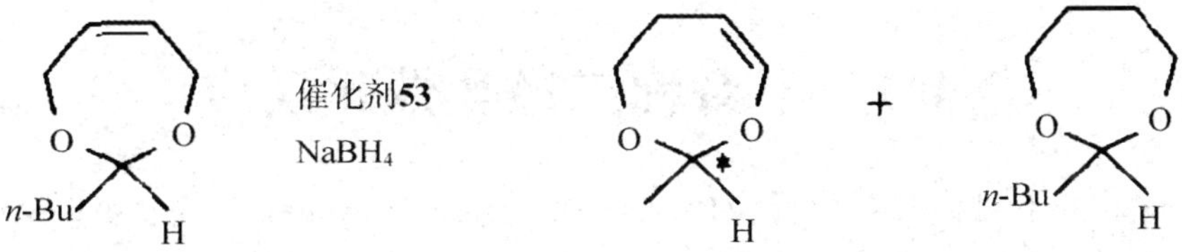

O　O　$n$-Bu　H　催化剂**53**　NaBH$_4$　O　O　H　+　O　O　$n$-Bu　H

（3-12）

**54**　**55**　**56**

反应中伴随生成少量的氢化产物 **56**。

# 第 4 章　不对称二羟化与氨羟化催化反应

巴瑞·夏普莱斯(Sharpless)先后于 1988 年和 1996 年率先报道了四氧化锇催化的烯烃不对称二羟化(简称 AD)和氨羟化(简称 AA)反应。这二者只需经过一步反应就能够直接将烯烃分别转换为在生命和材料科学领域有广泛用途的手性连二醇和手性 $\beta$-氨基醇，因此，近三十年来世界各国科研工作者都将其视为研究热点。本章我们就来探讨不对称二羟化与氨羟化的催化反应。

## 4.1　不对称二羟化催化反应

烯烃的不对称二羟化反应(Asymmetric Dihydroxylation，简称 AD 反应)是制备手性 1，2-二醇最直接有效的方法之一。霍夫曼首先提出，在氯酸钾或氯酸钠存在下，四氧化锇($OsO_4$)可以催化烯烃的顺式二羟化反应。然而，由于 $OsO_4$价格昂贵和毒性大等缺点使得化学计量的二羟化反应在合成中并无太大意义。后来采用叔丁基过氧化氢或 N-甲基-N-氧吗啉(NMO)作为共氧化剂时则取得了较好的结果。通常条件下，产物二醇的对映体过量低于化学计量反应，根据这一现象，可发现存在竞争性的第二循环(图 4-2)。

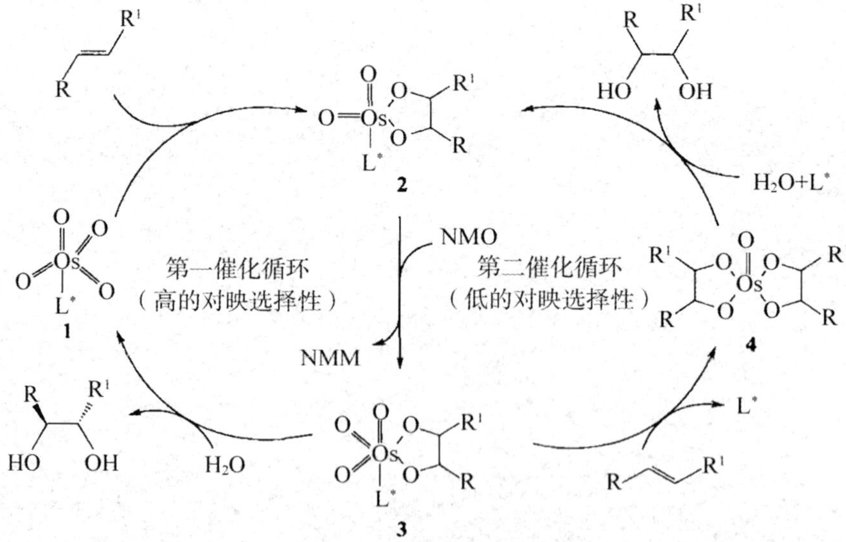

图 4-2　NMO 作共氧化剂时不对称二羟基化 AD 反应的催化循环

产物二醇中的两个氧原子分别来自于 NMO 和水，锇(Ⅷ)单甘醇酯 **3** 水解后生成产物。如若继续与烯烃加成，就会生成锇双甘醇酯 **4** 进入第二循环，这样产物的对映选择性就会明显降低。有两种方法可以避免第二循环的进行：一种是将烯烃缓慢加入到反应体系以降低其浓度；另一种是加入等当量的甲磺酸胺($MeSO_2NH_2$)以加速 **3** 的水解，这一发现扩大了 AD 反应的底物范围，同时在甲磺酸胺存在下反应温度还可以进一步降低，从而可以更大程度地提高反应的对映选择性。

作为 AD 反应中的一个重大改进，Sharpless 在采用［$K_3Fe(CN)_6$］代替 NMO 作为共氧化剂进行反应时，得到产物的对映选择性与化学计量反应时是一样的，烯烃的缓慢加入对该体系已经不再必要。与 NMO 体系所不同的是，在［$K_3Fe(CN)_6$］体系中锇(Ⅵ)单甘醇酯 **2** 水解先于它的再次氧化，因而第二循环就被抑制了，这已被观察到的实验现象所证实。

在多数溶剂中，该体系反应过程颜色的变化都是很明显的。具体来说，有机相锇(Ⅵ)单甘醇酯 **2** 产生的绿色渐渐褪去，水相中［$K_3Fe(CN)_6$］产生的黄色也会慢慢变为紫红色，暗示了在反应过程中锇催化剂可能从有机相进入了水相。反应结束后，水相和有机相单独分离后作为第二次双羟化反应的锇源。结果发现，采用分离的水相和分离的有机相得到产物的比例为 98∶2，表明了锇催化剂绝大部分存在于分离的水相中。同时，在加入［$K_3Fe(CN)_6$］和 $K_2CO_3$ 到分离的水相后，紫红色溶液迅速消失，新的有机相变为浅黄色，暗示了锇催化剂再次从水相迁移进有机相。单纯地加入［$K_3Fe(CN)_6$］或 $K_2CO_3$ 到分离的水相时，都不能发生该变化。通过紫外(UV)分析，证实了迁移的物种是 $OsO_4$。

锇(Ⅵ)单甘醇酯 **2** 进行水解和重新氧化后可以获得 $OsO_4$ 和二醇。对于只有 $K_2CO_3$ 的体系来说，绿色迅速消失而产生深紫红色的水相，在混合物中 TLC 可以检测到生成的二醇。紫红色的水相经紫外(UV)分析显示在 523 nm有吸收峰，为 Os(Ⅵ)物种 **5**［$OsO_2(OH)_4^{2-}$］的特征吸收峰。相比较而言，只有［$K_3Fe(CN)_6$］的体系紫外(UV)检测浓度时只有很小变化。

基于上面的事实，推测了反应机理。$OsO_4$ 与配体和烯烃反应形成的锇(Ⅵ)单甘醇酯 **2** 经历水解，产生二醇和配体进入有机相，产生的 Os(Ⅵ)物种则进入水相产生 **5**。重新被 $Fe(CN)_6^{3}$ 产生 $OsO_4$ 后从水相迁移入有机相。同时加入 $K_2CO_3$ 和［$K_3Fe(CN)_6$］才能进行第二次锇迁移，推测由 **5** 转化为 $OsO_4$ 的过程中可能经历一个 Os(Ⅷ)物种 **6**(图 4-3)。

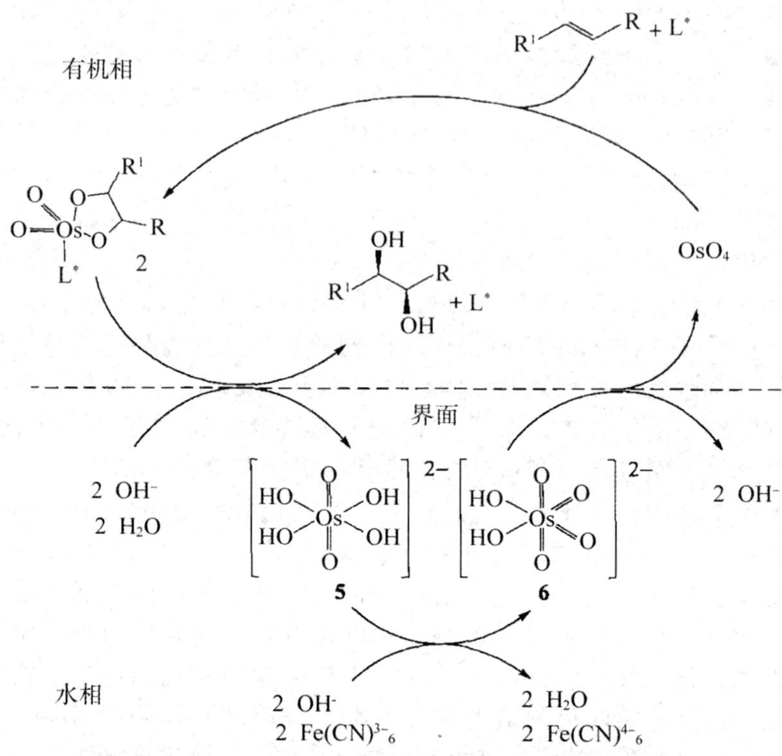


图 4-3 [$K_3Fe(CN)_6$] 作共氧化剂时 AD 反应的催化循环

如果采用非挥发性的 $K_2OsO_2(OH)_4$ 作为锇源，加上无机共氧化剂 [$K_3Fe(CN)_6$] 和碱 $K_2CO_3$ 与配体就构成了预混二羟化试剂。其中含有手性配体 $(DHQ)_2$PHAL 的称为 AD-mix-$\alpha$；含有手性配体 $(DHQD)_2$PHAL 的称为 AD-mix-$\beta$。从最初发现二氢奎尼定乙酸酯对简单烯烃的不对称二羟化反应可以获得中等程度的对映选择性开始，Sharpless 又筛选了大量金鸡纳生物碱衍生物以继续改善反应的对映选择性，目前最有效的配体是双金鸡纳生物碱。根据实验模型，也可以对反应的绝对立体化学进行预测(图 4-4)。

对于反应机理，人们提出了两种假设：一种是 Sharpless 等认为的分段 [2+2] 环加成机理。该机理中涉及烯烃配合物首先形成 Osmaoxetane，然后再发生配体援助的扩环反应生成锇单甘醇酯配体；另一种是科里(Corey)等认为的协同 3 原子和 2 原子(简称 [3+2])环加成机理(图 4-5)。

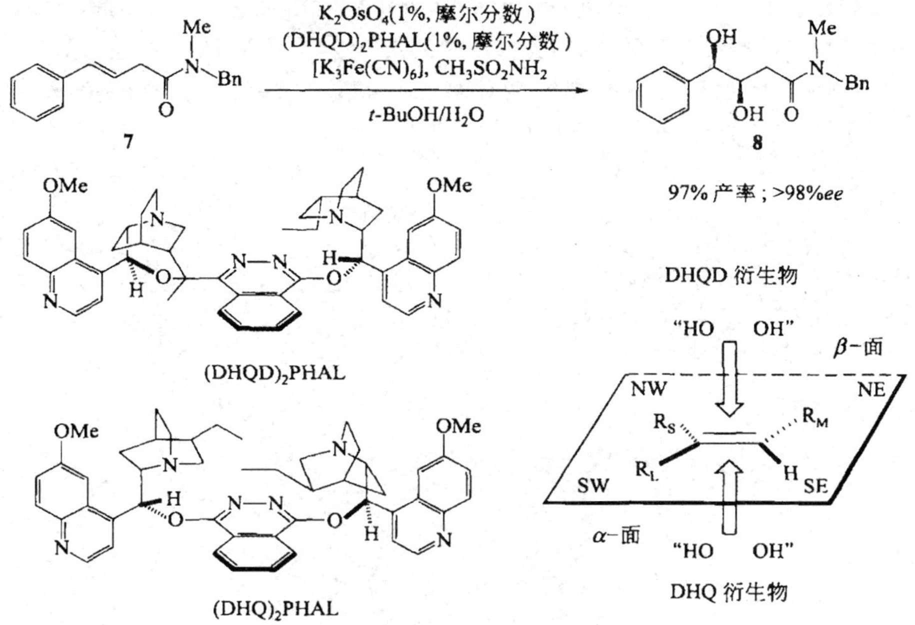

图 4-4　预测 AD 反应产物构型的模型

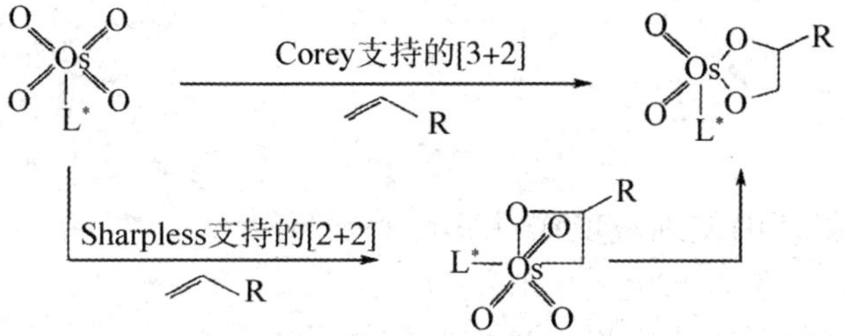

图 4-5　Sharpless 支持的［2+2］和 Corey 支持的［3+2］途径

在催化反应中，配体/锇之间是如何相互作用的，这首先就提出了反应活性物种问题。Corey 最初推测认为活性物种应该是双锇配合物 $\mu$ -O-$Os_2$，这种桥联模式(**9**)可以为观察到的高对映选择性提供必要的手性环境；Sharpless 尽管不能确定烯烃是与自由的还是配体配合的四氧化锇反应，但仍认为活性物种应该是单锇配合物。他指出：

(1)假如 Corey 模型是正确的，那么可以预期在速率方程式中锇浓度的二级依赖关系。实验结果显示，当反应在限制性条件下([Os]<[$L^*$])，实际是一级，桥联的锇配合物是没有根据的；更进一步，如果桥联锇配合物的形成很快并且是不可逆的，那么 Corey 模型的一级依赖关系也是成立的，但当尝试制备该配合物时，却分离到了两个锇中心无相互作用稳定的 $L^*$-$Os_2$(**10**)。

(2)配体中一个奎尼定氮原子形成季铵盐后对双羟化反应的对映选择性没有影响，表明与第二个生物碱中心氮的配位是不必要的。目前，普遍接受的观点认为：反应中活性物种是 $OsO_4$-L*(**11**)，第二个生物碱单元是用来提供产生适当面选择性的手性键合口袋。

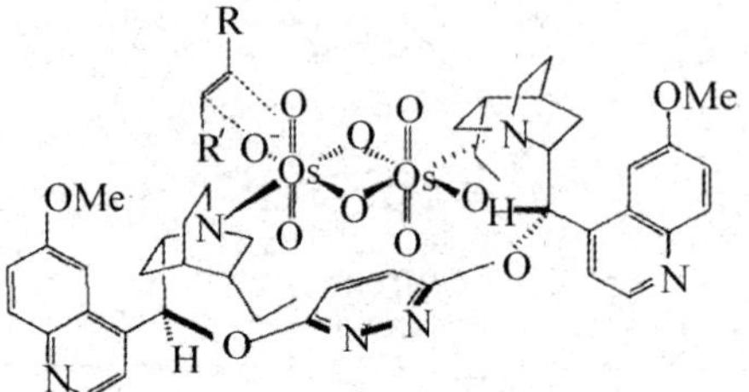

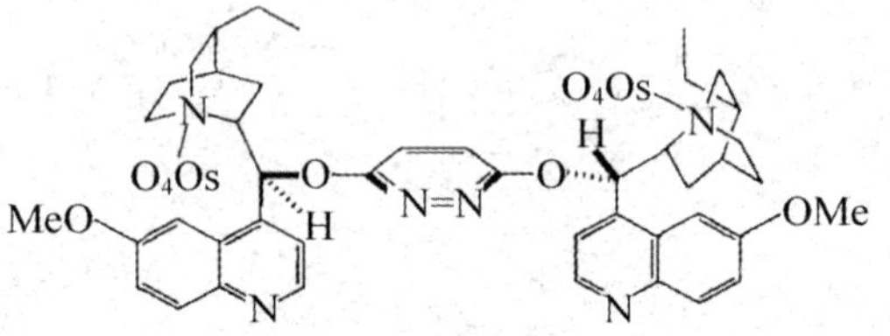

两种反应机理的差别表现在以下几个方面：

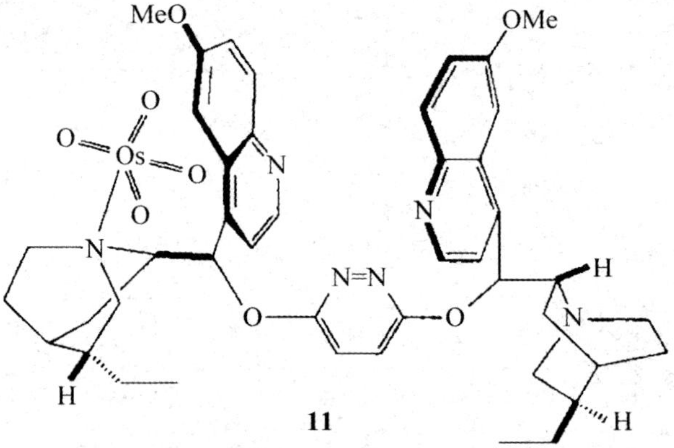

(1)烯烃最初是否与金属中心配位。

(2)在特定的反应步骤里，催化的配体是否存在。

(3)反应中哪一步为反应的限速步骤(如图 4-6)。

当分段机理最初提出的时候，区别上述两种机理是相当困难的，因为类比 $CrO_2Cl_2$对烯烃氧化的机理和已被广泛认可的烯烃复分解金属环丁烷中间体机理，分段的［2+2］反应机理似乎更具有合理性。通过反应温度与对映选择性之间的非线性依赖关系，Sharpless 提出不对称双羟化反应过程中存在两种不同的非对映过渡态，证实了推测的分段［2+2］途径。

AD 反应是在化学计量的 $OsO_4$和过量的手性氢化奎尼定存在下的甲苯溶剂中进行的，反应温度变化幅度超过 100 ℃。温度和 ee 值的依赖关系按照修饰的埃林表示法分析。

实验的每一组烯烃/催化剂组合在埃林坐标上都显示出了两个线性区间，即都有一个很明显的转化点。转化点在很多立体选择性的催化体系包括过渡金属催化的不对称氢化中都能观察到，并且可以解释为反应是经过至少按照反应温度有所差异的两个对映选择性步骤进行。因此，这个实验结果与分段的［2+2］反应机理相一致，反应的对映选择性不但与可逆地形成两种非对映异构体有关，而且还与重排的锇单甘醇酯有关。在埃林坐标中，所观察到的两条线反映了两个步骤具有不同的 $\Delta\Delta H^{\ddagger}$ 和 $\Delta\Delta S^{\ddagger}$ 值。另一方面，协同的［3+2］环加成机理由于反应的立体选择性仅仅取决于两种非对映异构体过渡态中活化能的差异，因而不应该显示出反应有转化点。

对于分段的［2+2］反应机理，Sharpless 提出了两条反应途径(见图 4-6)。早期强调的是配体对 metallaoxetane 中间体稳定作用的重要性，但没有明确哪一步是限速步骤。在配体配合的 $OsO_4$ 存在下发生［2+2］环加成生成假定的 metallaoxetane 中间体，随后发生重排就得到［3+2］环加成的锇单甘醇酯(途径 A)。由于缺乏烯烃环加成到 18 电子 $OsO_4$-$L^*$ 的先例，因而随后又提出了更具合理的反应途径 B，首先烯烃和 $OsO_4$ 快速可逆地形成 metallaoxetane，然后 $L^*$ 与之配位发生配体加速的重排反应生成锇单甘醇酯。Corey 提出的［3+2］反应途径最初由 Hoffmann 通过理论模型计算认为是可能的，Corey 也给出了二胺-$OsO_4$ 配合物单晶方面的证据。

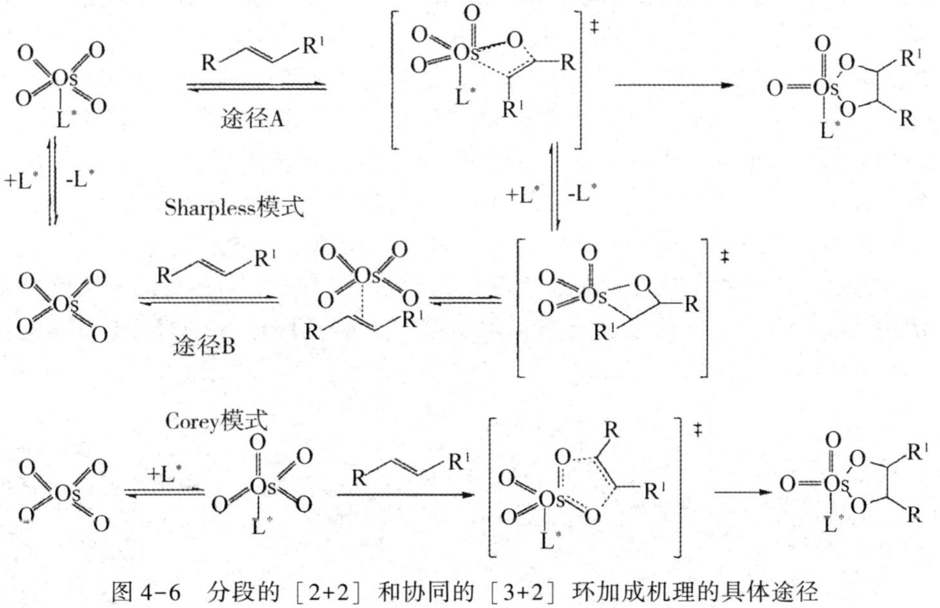

图 4-6　分段的［2+2］和协同的［3+2］环加成机理的具体途径

(R，R)1，2-双吡咯环己烷-$OsO_4$(1∶1)配合物的单晶结构显示二胺的确是作为双齿配体配位的，但形成的不是通常的八面体。对于 1，2-双(N，N-二甲胺)环己烷- $OsO_4$ 配合物 12，固态和溶液 $^{1}H$ NMR 和 $^{13}C$ NMR 研究证实了手性二胺也是双齿配位的。采用手性二胺：手性单胺：$OsO_4$为 1：1：1 的比例混合时，$^{1}$H NMR 和$^{13}$C NMR 显示体系是未参与反应的手性单胺和手性二胺：四氧化锇为 1：1 配合的谱图叠加，推测在溶液中双齿二胺-$OsO_4$配合物是比单胺-$OsO_4$配合物更稳定的物种。在-90 ℃和 $CD_2Cl_2$溶液中，$OsO_4$与四甲基乙烯反应时，$^{1}$H NMR 检测到手性双齿二胺比单胺配体的反应速度至少要快 100 倍。假定双齿二胺-$OsO_4$配合物是溶液中唯一可以检测到的催化物种，那么反应过渡态对于二胺来说就是双齿配位化合物。

低温$^{1}$H NMR 确定了二胺-$OsO_4$与烯烃反应最初产物的特性。在 180 K 下，将四甲基乙烯的 $CFCl_3$-$CD_2Cl_2$溶液转入装有二胺-$OsO_4$的 $CFCl_3$-$CD_2Cl_2$冷冻溶液的核磁管内，此时产生两个冷冻层。当核磁管内温度逐渐增加至 210 K 的过程中，两个冷冻层开始融化混合在一起。在 215 K 反应 30 s 后，通过与标准谱图对照，$^{1}$H NMR 确认了反式二氧锇酸酯 **13** 的形成，而没有检测到热力学不稳定的顺式二氧锇酸酯 **14**，这个结果表明反应不是直接的[3+2]途径产物。可以认为 **14** 是在生成 **13** 过程中的一个瞬间过渡态中间体。最合理途径应该是 Os—N 键解离、假旋转和 Os—N 键重组这样一个过程。直接的［3+2］环加成途径预测得到错误绝对构型的产物，但间接途径的［3+2］环加成可以得以正确预测。$C_2$对称的二胺-$OsO_4$配合物通过烯烃的碳原子连接到配合物中两个平伏的氧原子，烯烃与锇 π 配位，随后经历快速 90°轴旋转就形成了 **13**(图 4-7)。这个过程类似于通过双金鸡纳-$OsO_4$催化的烯烃 AD 反应，只是后者 π 配位步骤是快速并且可逆的，转化为二氧锇酸酯是限速步骤。限速步骤上的变化与二胺配合比单胺配合的 $OsO_4$具有更高的电子密度相一致。在二胺-$OsO_4$ 配合物中，烯烃 π 配合物应该是不稳定的，重排的速度应该比单胺-$OsO_4$体系有所增加。这样，经过限速的 π 配合随后快速重排生成 **13** 的途径很容易地解释二胺配体参与的 AD 反应中所观察到的绝对立体化学。应当指出，涉及二胺-$OsO_4$［2+2］环加成途径常常预测得到错误的立体化学。

**12** **13** **14**

图 4-7 反式二氧锇酸酯 13 的形成

随后，Corey 选择 (DHQD) $_2$PYDZ 配体考察了 AD 反应中对映选择性的影响因素，再次提出了有利于［3+2］环加成的反应机理(图 4-6)。

［3+2］环加成模型(**15**)有以下特征：

(1)$OsO_4$-(DHQD)$_2$PYDZ 配合物的 U 形构象有利于将烯烃底物放在由两个平行的甲氧基喹啉单元、N-配位 $OsO_4$ 和哒嗪连接构成的键合口袋。

(2)底物双键和奎尼定连接的锇中心最初的配合增加了催化剂和底物之间额外的成键接触。

(3)直立的氧原子和平伏的氧原子靠近底物中的烯烃碳原子。

(4)通过［3+2］环加成途径重排直接产生五配位的锇酸酯处于能量上最有利的几何构型只需最小的迁移(见图 4-7)。

配体双金鸡纳生物碱催化的 AD 反应加速，主要是由于以下几点：

(1)反应过程中 N—Os 键的增强。

(2)从最初键合配合物最有利的激发状态几何构型到双羟化过渡态 N—Os 键的旋转。

(3)催化剂和底物之间的范德华力削弱了反应所需要的熵能。

Sharpless 的［2+2］模型(**16**)认为非对映的 metallaoxetane 的稳定性差异在于底物与含有 2，3-二氮杂萘基团和旁观的甲氧喹啉环之间通过范德华力的相互稳定作用(图 4-8)。按照［2+2］模型，对于苯乙烯底物，苯环只与哒嗪连接基中的一半重叠，其他基团则与溶剂接触，底物和 L 形口袋中的甲氧基喹啉环墙面只有最小的额外相互作用，这样哒嗪连接的催化剂应该不如 2，3-二氮杂萘连接的催化剂能更有效地影响对映选择性，实验结果表明哒嗪和 2，3-二氮杂萘连接的双金鸡纳体系在多个底物中都表现出非常相似的对映选择性。这个结果与［3+2］环加成途径相一致，因为底物和哒嗪或 2，3-二氮杂萘连接都涉及相似的接触键合区域。在该模型中，底物和催化剂在 U 形口袋底端的基本接触是与哒嗪或 2，3-二氮杂萘空间的环上的两个氮原子。

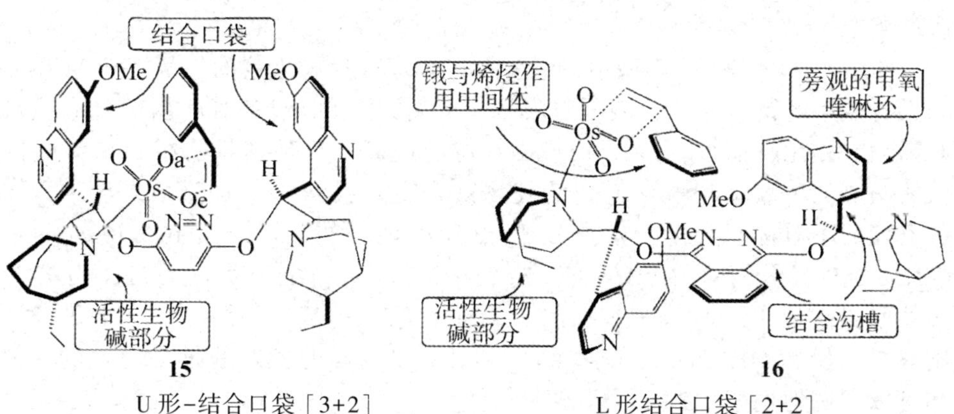


图 4-8　［3+2］的 U 形和［2+2］的 L 形的反应过渡态模型

Sharpless 指出，“配体结构-活性研究解释了在二聚金鸡纳生物碱 2，3-二氮杂萘配体中对映选择性的起源，并且说明了类似酶键合口袋的重要性。”作者还以苯乙烯为底物加以说明，当采用该模型时发现在苯环间位还可以引入一个大的叔丁基，由于该取代基可以很容易地在远离的“旁观”甲氧基喹啉处固定而不会降低“边对面”的吸引。结果和预期的一致，3-叔丁基苯乙烯(95%(ee))取得了和苯乙烯(97%(ee))非常接近的对映选择性，与［3+2］途径是不一致的。大量的键合拓扑差异表明了 AD 反应中，经过慎重选择底物可以有效地对这两种途径加以区别。Corey 认为 Sharpless 用于比较 AD 反应的两种不同模式的底物选择范围太局限，只是考虑了各种取代的苯乙烯，对更多高度取代的其他烯烃则没有涉及，因此使得研究结果无法有效地支持或排除［2+2］途径。正因为如此，3-叔丁基苯乙烯的 AD 反应也可以放在［3+2］模型中加以很好的解释，在该模型中，叔丁基放在苯乙烯前面的间位没有明显的不稳定性或立体排斥。

［3+2］环加成模型可以用来预测双金鸡纳控制的烯烃 AD 反应对映选择性的大致程度。例如，末端烯丙醇衍生物 4-甲氧基苯甲酸酯应该得到高对映选择性的产物；而三异丙硅基醚就应该得到低的对映选择性产物。采用 $(DHQD)_2PYDZ-OsO_4$ 催化体系对 4-甲氧基苯甲酸烯丙酯实验结果如下：烯丙基酯 98%(ee)，2-甲基烯丙基酯 97%(ee)，(E)-巴豆基酯>99%(ee)；烯丙醇的三异丙硅基醚和苄基醚则分别为 3%(ee)和 60%(ee)。根据［3+2］模型，4-甲氧基苯甲酸酯处在催化剂中前面和后面两个 4-甲氧基喹啉环之间，形成相当大的范德华键合力，这时双键就易于接近适合［3+2］环加成的 $OsO_4-L^*$ 中的一个平伏键和直立键的氧。而大体积的三异丙硅基醚由于位阻太大而不能安放进 U 形键合口袋中，因而就不能有效地和催化剂键合。对于烯丙基苄基醚底物中的苯环扭曲到双键平面外，也不能很好地置于 U 形口袋中。

Sharpless 的［2+2］模型中，底物烯烃与远离四氧化锇的甲氧基喹啉环之间只有较小的键合作用，表明喹啉环上 6-位甲氧取代基对底物键合应该没有影响。相比较而言，［3+2］模型中 6 位的烷氧取代基则对处在 U 形键合区域的两侧的甲氧基喹啉环之间的底物键合有直接影响。实验结果显示，在苯乙烯的不对称双羟化反应中，6-位相似大小的取代基 X═OMe，96%(ee)；$CH_2Me$，93%(ee)；X═O—$n$-Bu，97%(ee)；更为明显的是，当 X 为小的取代基 H 时，只有 82%(ee)，对于大的取代基 X=O—Si $(i-Pr)_3$ 时，则取得了低至 50%(ee)，这些结果和［2+2］模型预期的是不一致的，但却可以很好地通过［3+2］模型来解释。

尽管如此，由于上述仍是采用机理模型对反应途径进行的分析总结，并不能够给出令人完全信服的证据，因此在两者之间下一确切结论是很困难的。研究表明，比较大量高精度实验性动态同位素效应(KIEs)与过渡态结构/KIE 计算值是一种非常有效的确定有机反应机理或过渡态的方法。在 1997 年，Corey 和 Sharpless 都报道了动态同位素效应，很大程度上最终对反应机理达成一致。

Corey 采用 Singleton 方法利用 $^{13}$C NMR 谱对 $^{12}$C/$^{13}$C 动态同位素效应进行精确确定后对反应机理进行了验证。对于烯烃的双羟化反应中有利的［3+2］环加成过渡态来说，预计在烯烃的两个碳原子上 $^{12}$C/$^{13}$C 动态同位素效应应该明显并且近似相同。在催化双羟化的动态同位素实验中，作者考察了三个可产生高对映选择性产物的烯烃，分别是 4-硝基苯乙烯、4-甲氧基苯乙烯和 4-甲氧基苯甲酸烯丙酯。AD 反应在进行到 97%～99% 转化后终止，未反应的烯烃分离回收纯化(对 4-甲氧基苯甲酸烯丙酯，未反应的烯烃经环氧化后再严格纯化)后接受 NMR 分析(如图 4-9 所示)。

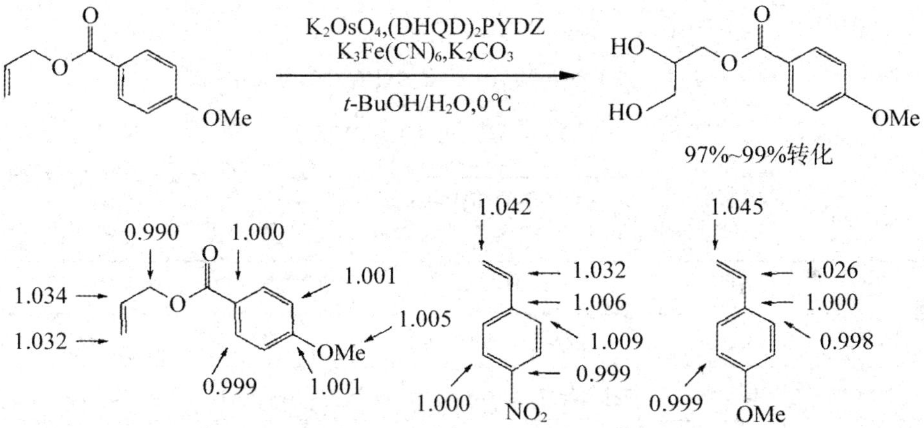

图 4-9　烯烃的双羟化反应及 $^{13}$C NMR 谱的精确确定

结果显示，每一个底物烯烃中的两个碳原子都具有明显且相似的一级 $^{12}$C/$^{13}$C动态同位素效应，此外，没有发现其他明显的动态同位素效应。这些结果与双金鸡纳生物碱催化的 AD 反应中［3+2］环加成模型完全吻合。在这个模型中的过渡态重排中，烯烃中的两个碳原子同时形成碳氧键，因而预期在此过程中烯烃的每个碳原子应具有明显和相似的一级动态同位素效应。对于 4-甲氧基苯乙烯来说，苄位的亚甲基和末端亚甲基的同位素数值和预期的相一致，在过渡态中较大程度地键合在了富电子的末端亚甲基上。

对于［2+2］途径来说，如果假定过渡态与 metallaoxetane 结构相似，那么每个烯烃碳原子就应该具有明显不同的$^{12}C/^{13}C$同位素效应。这种差别是由于完全不同的C-O和C-Os键拉伸频率造成的。以4-甲氧基苯乙烯的AD反应为例，最合理的［2+2］途径应该是亲电的锇连接到末端亚甲基上，而氧连接到苄位的亚甲基上，这样C—Os和C—O键的拉伸频率预计应该分别在500～600 $cm^{-1}$和1000 $cm^{-1}$，亚甲基的$^{12}C/^{13}C$动态同位素效应就应该比次甲基的低，而不是像观察到的比其还高。

由于［2+2］机理中区域选择性仍然是未知的，因而上述Corey动力学研究的结果就有些误导的成分。Sharpless认为如果反应得到差的区域选择性，那么同位素效应应当一样。既然过渡态中将大体积的叔丁基置于紧挨着锇的碳原子是不利的，因而选择叔丁基乙烯可以避免区域异构的［2+2］途径过渡态混合物对总体观察的KIE带来的影响(见表4-1)。当反应进行到分别为90.5%和85.6%转化率时，加入过量的$Na_2SO_3$猝灭，未反应的叔丁基乙烯加入水洗有机相多次后，萃取分液，真空转移有机相随后进行蒸馏回收。得到的回收原料叔丁基乙烯与原来的叔丁乙烯标准样品进行比较$^{13}C$ NMR和$^2H$ NMR谱。

**表4-1　叔丁基乙烯AD反应的计算和实验KIEs值**

(cis)H, (trans)H, t-Bu, $H^2$: $C^1$＝$C^2$ $\xrightarrow[t\text{-BuOH}/H_2O,3\ ℃]{K_2OsO_2(OH)_4,(DHQD)_2PYR,\ K_3Fe(CN)_6,K_2CO_3}$ HO—$C^1$[(cis)H, (trans)H]—$C^2$[t-Bu, $H^2$]—OH

| $H^2$ | $H_{cis}$ | $H_{trans}$ | $C^1$ | $C^2$ |
|---|---|---|---|---|
| 0.907 | 0.913 | 计算［3+2］0.921 | 1.025 | 1.025 |
| 0.892 | 0.957 | 形成的Osmaoxetane 0.972 | 1.050 | 1.026 |
| 0.880 | 0.964 | 扩环 1.094 | 0.989 | 1.039 |
| 0.906 | 0.919 | 实验 0.925 | 1.027 | 1.028 |

对过渡态结构的理论与实验的KIEs进行概括对比。结果显示，基于［3+2］环加成模型，过渡态结构预测的KIEs与观察值在定性和定量上明显都是一致的。实验值与预测值不超过标准偏差，考虑到实验和理论模型之间的差异，那么实验和预测的KIEs之间则是非常吻合的。

比较来说，过渡态结构预测的KIEs与分段的［2+2］途径中两种可能的限速步骤与实验中的KIEs都不匹配。采用叔丁基乙烯的实验和计算KIEs都很反对扩环反应是限速步骤。在［3+2］模型中，实验和预测的KIEs一致，这使得Sharpless最终也认同了［3+2］环加成是AD反应中的限速步骤。

## 4.2　不对称氨羟化催化反应

不对称氨羟化(Asymmetric Aminohydroxylation)反应(以下简称 AA 反应)是以奎宁或奎尼定的衍生物作手性配体，四氧化锇为氧化剂，在氧化供氮试剂存在下，于乙腈-水溶剂中通过一步反应把烯烃直接转化为手性 $\beta$-氨基醇类化合物。AA 反应与 AD 反应类似，二者主要的差别是，在 AA 反应中氧化供氮试剂代替了 AD 反应中的共氧化剂。两种反应的机理类似，都存在着两个相互竞争的催化过程(如图 4-10)。

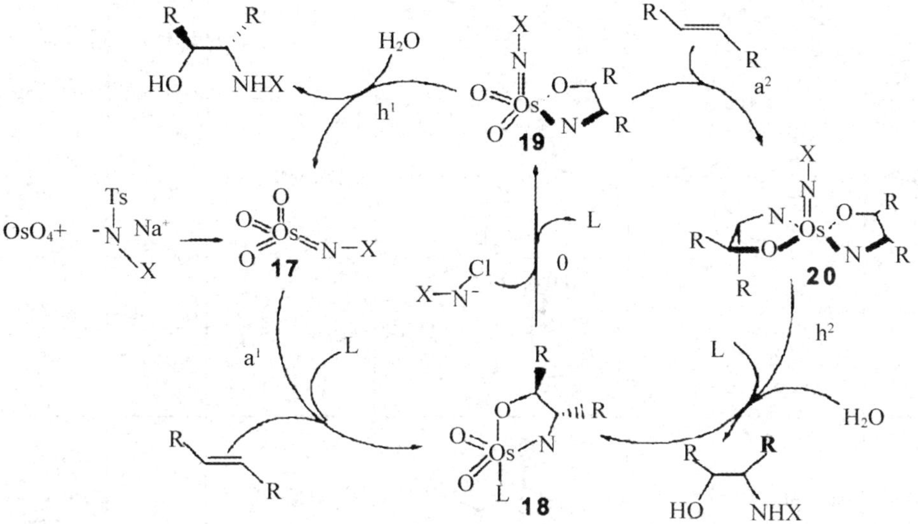

图 4-10　Sharpless 建议的 AA 反应机理

第一催化循环(左半面)的反应次序是：

(1)加成($a^1$)；(2)再氧化(0)；(3)水解($h^1$)

在第二催化循环中(右半面)：

(1)加成(a)；(2)水解($h^2$)；(3)再氧化(0)

L=配体，$X=CH_3SO_2$

AA 反应的主要结果汇总于表 4-2 中。起初使用氯胺 T($P-CH_3C_6H_4SO_2NClNa$)作氧化-供氮试剂，获得了中等的化学产率和中等的 ee 值(表 4-2 中序号 1，5，9，12 和 15)。由于反应产物羟磺酰胺一般都是很好的结晶体，只通过简单的重结晶就可使其光学纯达到 99%(ee)，所以即使就是这样的中等对映选择性也有着广泛的应用前景。

**表 4-2　一些烯烃 AA 反应的对映选择性[%(ee)]**

| 序号 | 烯烃 | 产物 | 供氮试剂 | 配体 | |
|---|---|---|---|---|---|
| | | | | $(DHQ)_2$PHAL | $(DHQD)_2$PHAL |
| 1 | Ph $CO_2Me$ | TsNH Ph 3 2 $CO_2Me$ OH | 氯胺-T | 81(2R,3S) | 71(2S,3R) |
| 2 | Ph $CO_2Me$ | MsNH Ph 3 2 $CO_2Me$ OH | 氯胺-M | 95(2R,3S) | 95(2S,3R) |
| 3 | Ph $CO_2Me$ | $HNCO_2Bn$ Ph 3 2 $CO_2Me$ OH | BzOCONClNa | 94(2R,3S) | 97(2S,3R) |
| 4 | Ph $CO_2Me$ | $HNCO_2Et$ Ph 3 2 $CO_2Me$ OH | EtOCONCNa | 99(2R,3S) | 99(2S,3R) |
| 5 | Ph Ph | HNTs Ph 2 1 Ph OH | 氯胺-T | 62(1R,2S) | 60(1S,2R) |
| 6 | Ph Ph | HNMs Ph 2 1 Ph OH | 氯胺-M | 75(1R,2S) | 82(1S,2R) |
| 7 | Ph Ph | $HNCO_2Bz$ Ph 2 1 Ph OH | BzOCONClNa | 91(1S,2S) | 88(1R,2R) |
| 8 | Ph Ph | HNAc Ph Ph OH | AcNBrNa | 94(1S,2S) | 93(1R,2R) |

续表

| 序号 | 烯烃 | 产物 | 供氮试剂 | 配体 | |
|---|---|---|---|---|---|
| | | | | $(DHQ)_2$ PHAL | $(DHQD)_2$ PHAL |
| 9 | $MeO_2C$–CH=CH–$CO_2Me$ | $MeO_2C$–CH(NHTs)(3)–CH(OH)(2)–$CO_2Me$ | 氯胺-T | 77(2R,3R) | 53(2S,3S) |
| 10 | $MeO_2C$–CH=CH–$CO_2Me$ | $MeO_2C$–CH(NHTs)(3)–CH(OH)(2)–$CO_2Me$ | 氯胺-M | 95(2R,3R) | 95(2S,3S) |
| 11 | $MeO_2C$–CH=CH–$CO_2Me$ | $MeO_2C$–CH($HNCO_2Bz$)–CH(OH)–$CO_2Me$ | BzOCONClNa | 84(2R,3R) | 87(2S,3S) |
| 12 | 环己烯 | 2-TsNH-1-OH 环己烷 | 氯胺-T | 45(1S,2R) | 36(1R,2S) |
| 13 | 环己烯 | 2-MsNH-1-OH 环己烷 | 氯胺-M | 66(1S,2R) | 63(1R,2S) |
| 14 | 环己烯 | 2-$BzO_2CNH$-1-OH 环己烷 | BzOCONClNa | 63(1S,2R) | 56(1R,2S) |
| 15 | $CH_3$CH=CH–$CO_2Et$ | $CH_3$–CH(HNTs)(3)–CH(2)–$CO_2Et$ | 氯胺-T | 74(2R,3S) | 60(2S,3R) |
| 16 | Ph–CH=CH–$CO_2{}^iPr$ | Ph–CH(HNMs)(3)–CH(OH)(2)–$CO_2{}^iPr$ | 氯胺-M | 94(2R,3S) | 95(2S,3R) |

续表

| 序号 | 烯烃 | 产物 | 供氮试剂 | 配体 | |
|---|---|---|---|---|---|
| | | | | $(DHQ)_2$PHAL | $(DHQD)_2$PHAL |
| 17 | 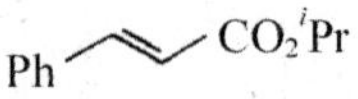 Ph⁄⁄$CO_2{}^iPr$ | 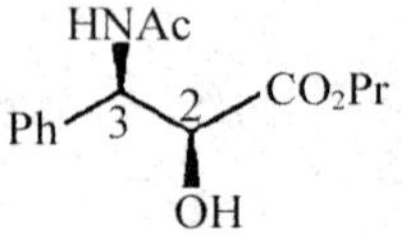 (HNAc, Ph, 3, 2, $CO_2Pr$, OH) | AcNBrNa | 99(2R, 3S) | 99(2S, 3R) |
| 18 | 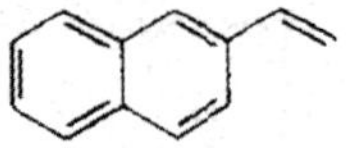 | 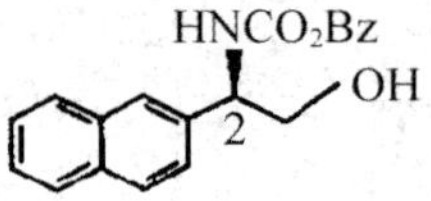 (HN$CO_2$Bz, 2, OH) | BzOCONClNa | 99(2S) | 99(2R) |
| 19 | 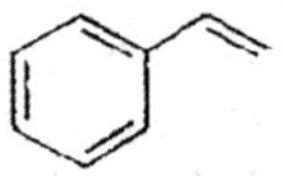 | 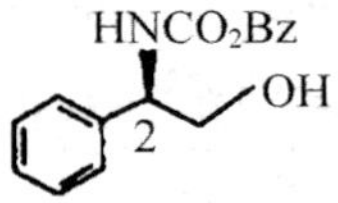 (HN$CO_2$Bz, 2, OH) | BzOCONClNa | 93(2S) | 90(2R) |
| 20 | 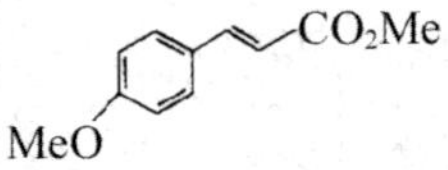 MeO, $CO_2Me$ | 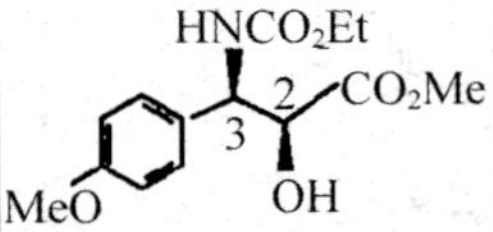 (HN$CO_2$Et, 2, 3, $CO_2Me$, MeO, OH) | EtOCONCNa | 98(2R, 3S) | 99(2S, 3R) |
| 21 | 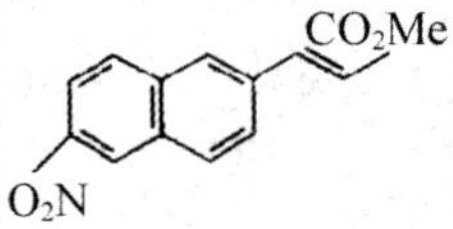 $O_2N$, $CO_2Me$ | 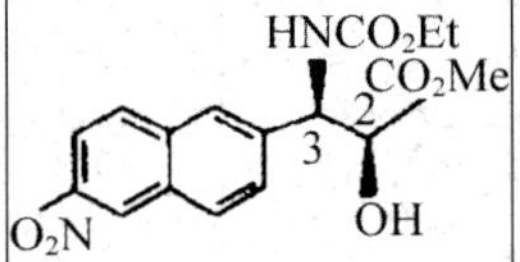 (HN$CO_2$Et, $CO_2Me$, 2, 3, $O_2N$, OH) | EtOCONCNa | 97(2R, 3S) | 98(2S, 3R) |
| 22 |  ⁄⁄$CO_2Me$ | 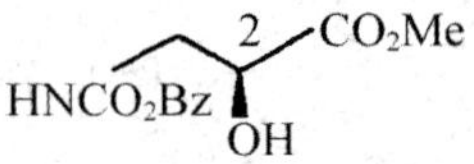 (2, $CO_2Me$, HN$CO_2$Bz, OH) | BzOCONClNa | 94(2R) | 87(2S) |
| 23 |  ⁄⁄$CO_2Me$ | 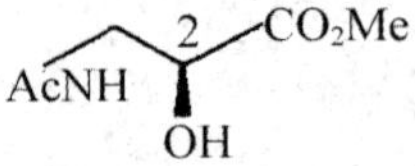 (2, $CO_2Me$, AcNH, OH) | AcNBrNa | 89(2R) | 90(2S) |

AA 反应的区域选择性主要取决于底物分子的电荷分布，实验事实显示，对于电荷分布不对称的烯烃，氨基倾向于连接在远离有强吸引电子基团一端的双键碳原子上(图 4-11)。

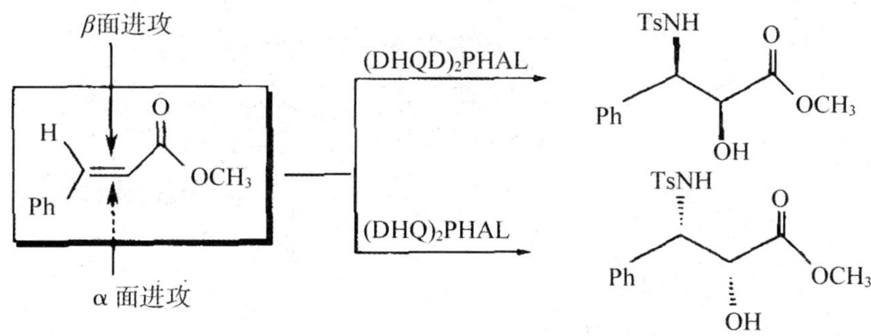


图 4-11　确定 AA 反应产物构型的经验规律示意图

AA 反应物的绝对构型遵循 AD 反应的经验规律，如图 4-11 所示，对于 (*E*)-二取代烯烃，手性配体 $(DHQD)_2PHAL$ 主要从 β -面进攻，生成(2*S*, 3*R*)-β-氨基醇，而 $(DHQ)_2PHAL$ 却主要从 α -面进攻，生成(2*R*，3*S*)-产物。

AD 反应是一个亲电反应，所以对富马酸酯这样的缺电子烯烃底物，不仅反应慢，立体选择也仅为 40%(ee)，但同样底物的 AA 反应却很容易进行，立体选择性也高达 53%～95%(ee)(表 4-2 序号 9～11)。更令人惊奇的是，(Z)-二取代烯烃也似乎是 AA 反应有希望的底物，甚至像环己烯这样对称的(Z)-二取代烯烃也能获得中等的对映选择性(表 4-2，序号 12～14)，而环己烯的 AD 反应却只能生成非手性的内消旋二醇。

氯胺-M(*N*-氯代甲磺酰胺钠，$CH_3SO_2NClNa$)是比氯胺-T 更为优秀的磺酰胺类氧化-供氮试剂。利用氯胺-M 进行的 AA 反应，对映选择性和区域选择性都显著提高(表 4-2，序号 2，6，10，13 和 16)。这可能是由于位阻较小的氧化-供氮试剂有利于 **17** 与烯烃的加成反应(图 4-10，$a^1$)形成中间体 **18**，使 AA 反应更容易进行。氯胺-M 的另一个优点是，反应的副产物用水洗或升华的方法容易除去，而使用氯胺-T 时，其副产物对甲苯磺酰胺与反应产物难于分离。

磺酰基作为保护基，其去保护的反应条件较为剧烈，从而限制了 AA 反应的应用。尽管 Sharpless 等已成功地把这一反应用于紫杉醇 $C_{13}$ 侧链 **23** 的合成(图 4-12)，但去保护基的条件剧烈。肉桂酸甲酯 AA 反应的产物羟基磺酰胺 **21**，在含有 33%HBr 的乙酸中，用苯酚作溴的清除剂，于 75 ℃反应 10 h，脱去对甲磺酰基，以 77%的产率得到 α-羟基-β-氨基酸酯 **22**，后者再转化为 **23**。

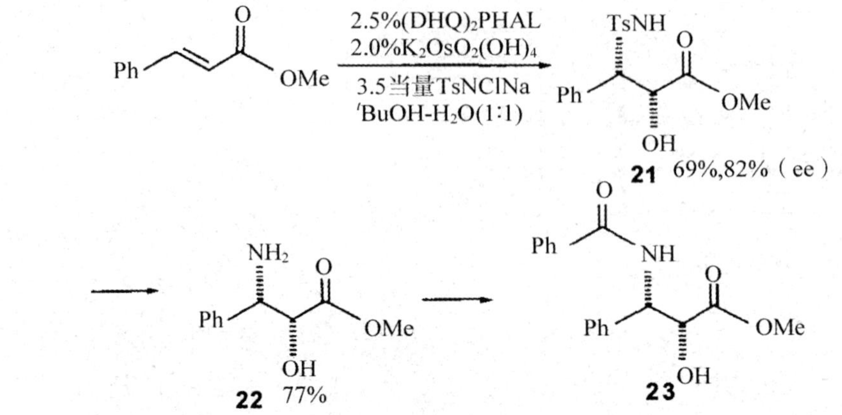

图 4-12　用 AA 反应合成紫杉醇 $C_{13}$ 侧链

一般地说，去磺酰基的条件比较苛刻，许多较敏感的官能团都难以耐受，所以探讨氨基上取代基易被除去的氯胺-T 或氯胺-M 的有效替代试剂，也是 AA 反应研究的另一个重要方向。使用 *N*-氯代氨基甲酸酯作 AA 反应的氧化-供氮试剂能够克服磺酰胺类化合物的缺点，常用的氨基甲酸酯是*N*-氯代氨基甲酸乙酯和 *N*-氯代氨基甲酸苄酯。实验结果表明，*N*-氯代氨基甲酸酯进行的 AA 反应，不论是对映选择性、区域选择性还是化学产率都优于磺酰胺类化合物(表 4-2，序号 3，4，7，11，18，19 和 22)。与磺酰胺类氧化-供氮试剂相似，位阻较小的 *N*-氯代氨基甲酸乙酯在选择性和产率方面都比位阻较大的 *N*-氯代氨基甲酸苄酯好。然而，*N*-氯代氨基甲酸苄酯作为保护基更易除去，所以后者具有更大的实用价值。

氧化-供氮试剂 *N*-氯代三甲硅基氨基甲酸乙酯具有立体障碍小，溶解度好和易去保护基等优点，在苯乙烯型和萘乙烯型烯烃的 AA 反应中，对映选择性几近 100%(ee)，最好的区域选择性大于 98 : 2。

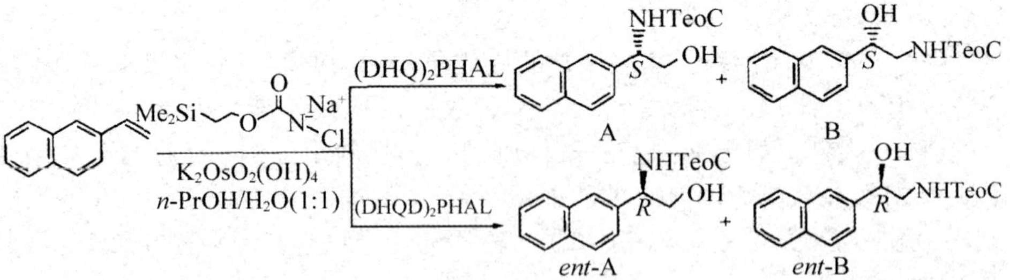

*N*-氯代氨基甲酸叔丁酯可能由于叔丁基的位阻太大在苯乙烯型烯烃为底物的 AA 反应中，化学产率很低，但对映选择性在大多数情况下都大于 90%(ee)。

N-溴乙酰胺也是很好的氧化-供氮试剂(表 4-2，序号 8，17 和 23)。在进行 AA 反应时，仅需要化学计量的 N-溴乙酰胺，过量的 N-溴乙酰胺对 AA 反应没有促进作用。而磺酰胺类化合物或 N-氯化氨基甲酸酯进行的 AA 反应都需要 3 mol 的氧化-供氮试剂。因此，用 N-溴乙酰胺作氧化-供氮试剂可使 AA 反应的后处理及反应产物的分离、纯化工作大为简化。

使用 N-溴乙酰胺时，溶剂和配体对 AA 反应的区域选择性有较大影响。例如，底物 24 的 AA 反应在乙醇/水混合溶剂中主要产物是 **26**(**26**/**25** = 1.1 ~ 2.5 : 1)，而在乙腈/水混合溶剂中则主要生成 **25**(**25**/**26** = 2 ~ 13 : 1)。在大多数情况下，用 $(DHQD)_2PHAL$ 的 AA 反应的区域选择性较小。用 $(DHQD)_2AQN$(图 4-5)作为配体的 AA 反应具有较高的区域选择性，在上述 AA 反应中，主要生成 **25**。在一般情况下 **25** 的 ee 值大于 **26** 的 ee 值。

RNHX
$K_2OsO_2/(OH)_4$
配体，溶剂
OH　NHAc　AcNH　OH
R　**24**　R　**25**　+　R　**26**
**a:** R=H
**b:** R=3-$NO_2$
**c:** R=4-$CH_3O$

(E)-肉桂酸酯类烯烃的非均相 AA 反应是以硅胶负载的双金鸡纳生物碱 SGS-$(QN)_2PHAL$ 作配体，使用氧化-供氮试剂 N-氯代氨基甲酸乙酯或 N-溴代乙酰胺，在异丙醇-水或叔丁醇-水溶剂中进行，化学产率 30%~81%，对映选择性高达 92%~99%(ee)，暗褐色的锇络合物在反应后只通过简便的过滤就可回收，在重复使用时对映选择性保持不变。

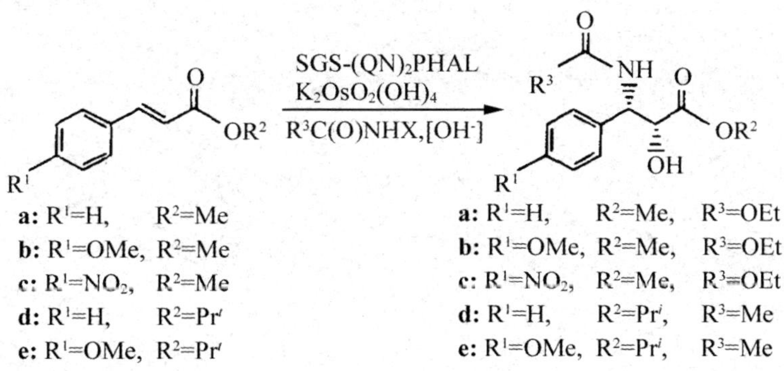

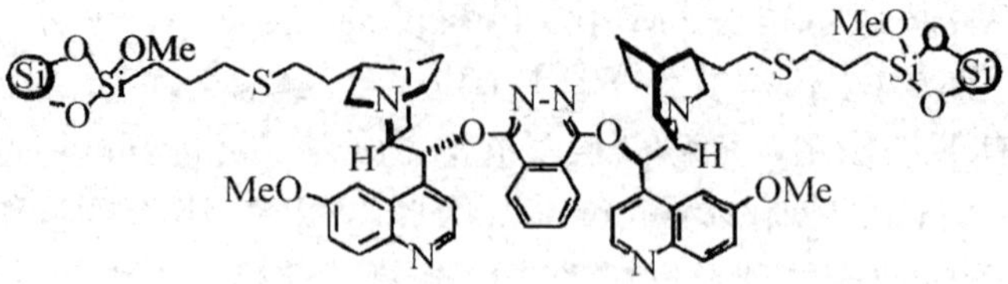

SGS-$(QN)_2$PHAL

烯烃的 AA 反应仅有几年的历史，对于反应的应用范围和影响反应选择性的因素还有待于进一步研究；尽管 Sharpless 等对反应机理提出了假设，并从实验事实总结了一些规律，但对某些反应的区域选择性还不能进行令人信服的解释。然而，勿庸置疑，AA 反应会同 AD 反应一样，能够得到迅速发展并取得巨大的成功。因为手性 $\beta$ -氨基醇在有机合成中有着重要的用途，一方面可以利用这种手性砌块合成许多具有重要生物活性的天然产物，另一方面手性 $\beta$ -氨基醇本身又是不对称合成中的重要手性配体。因此，AA 反应在有机合成中无疑会有广阔的应用前景。

# 第 5 章 不对称氧化与环氧化催化反应

不对称氧化与环氧化催化反应也是非常重要的一类不对称催化反应，Sharpless 还因在不对称氧化领域中的卓越贡献而分享了 2001 年的诺贝尔化学奖。本章我们就来深入探讨不对称氧化与环氧化催化反应的相关内容，并就不对称环氧化反应研究的最新进展加以阐述。

## 5.1 硫醚的不对称氧化反应

不对称硫醚氧化可以得到手性亚砜，合成手性亚砜的意义不仅在合成本身，手性亚砜还可以作为手性配体使用于不对称催化中。手性亚砜具有一定活性，尤其分子内的 $\alpha$ -亚甲基具有一定酸性，可以被去质子从而参与反应，同时手性亚砜由于含有体积较大的硫原子，空间障碍较小的孤对电子和极性较强的亚磺酰基，其本身可以与多种金属作用形成手性络合物进行不对称诱导。

不对称硫醚氧化是获得手性亚砜的直接途径，但是直到 1984 年，人们才找到不对称硫醚氧化的体系，即改良的 Sharpless 环氧化试剂：DET：Ti(O－$i$－Pr)$_4$：TBHP：$H_2O$＝2：1：1.1：1。直接使用 Sharpless 环氧化试剂只能得到外消旋的亚砜，但如果加 1 个当量的水便能取得意想不到的效果。这个结果是由 Kagan 课题组发现，因此，改良的 Sharpless 试剂也称为 Kagan 试剂。此外，Kagan 等还研究了水用量的影响，当加入 6 个当量的水时，氧化的选择性几乎为 0，当使用过量的 DET(3～4 当量)时，则不需要加水也可以获得较好的立体选择性。Kagan 试剂通常是 TBHP(tert-butye hydroperoxide)作氧化剂，但是最好的结果是使用 $PhCMe_2OOH$ 获得的。

$$\text{Ar}-\text{S}-\text{R} \xrightarrow[\text{PhCMe}_2\text{OOH}]{\text{R,R-DET,Ti(O-i-Pr)}_4} \text{Ar}-\overset{*}{\underset{}{\text{S}}}(=\text{O})-\text{R} \quad (5\text{-}1)$$

91%~96% (ee)

在 Kagan 实现了硫醚的不对称氧化后，陆续有不少课题组使用不同的手性试剂，实现了硫醚的不对称氧化。例如，Uemura 等报道了使用手性 BINOL 配体与四异丙氧基钛的配合物可以催化硫醚的不对称氧化，取得了 84%～96%的 ee(式 5-2)值。

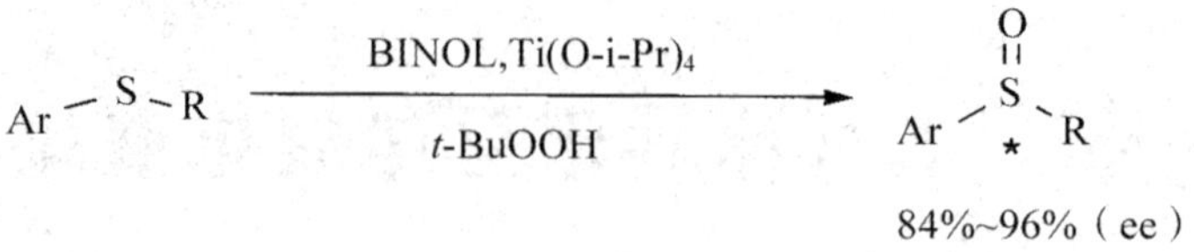


（5-2）

Katsuki 小组用一种新的手性 Salen-Mn 化合物，并用 PhIO 代替 $H_2O_2$ 作为氧化剂，应用于对硫醚的不对称氧化反应中，得到了很好的效果，产物亚砜的 ee 值最高达到 90%（式 5-3）。

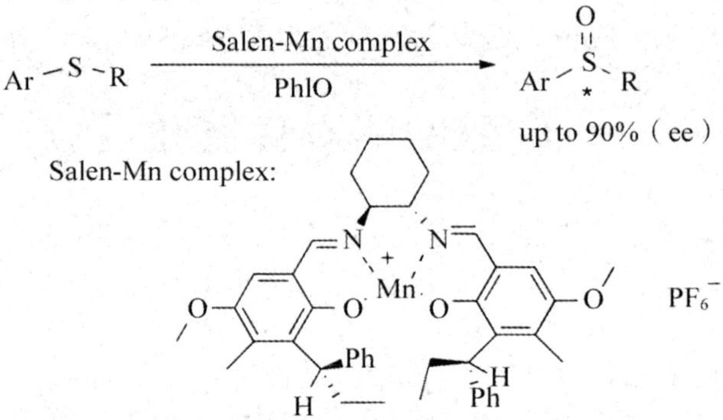


（5-3）

后来 Zhu 课题组使用简单的手性 Salan 配体与 VO (acac) $_2$ 现场生成的催化剂可以实现硫醚的不对称氧化，极大地简化了反应条件，大大促进了硫醚不对称氧化的发展（式 5-4）。

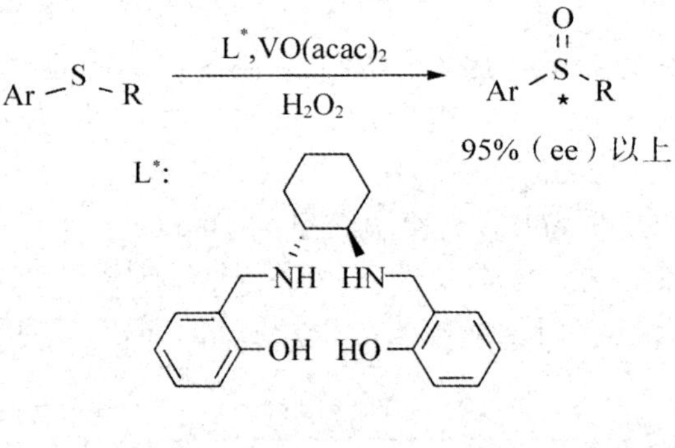


（5-4）

## 5.2　碳-氢键的不对称氧化反应

在不对称合成中，直接氧化非官化的烷烃一直是一个难题。但是氧化位于某些官能团 α-位的 C-H 键却是可能的，Kharasch 反应就是其中的一个实例，这种烯丙型的氧化反应也就成为实现不对称氧化 C-H 键的突破口。

所谓 Kharasch 反应就是在铜（Ⅰ）盐和过氧苯甲酸叔丁酯的存在下烯烃

发生的烯丙基氧酰化反应，反应产物经水解转化为烯丙醇。Kharasch 反应的机理可用图 5-1 表示。过氧苯甲酸叔丁酯的 O-O 键与 CU(Ⅰ)进行还原均裂形成叔丁氧基自由基，它攫取丙烯的 α-H 形成叔丁醇和烯丙基自由基。新形成的自由基迅速与 Cu(Ⅱ)作用，生成带有烯丙基片段的 Cu(Ⅲ)苯甲酸盐。后者经重排生成烯丙酯产物，同时再生 Cu(Ⅰ)催化剂。

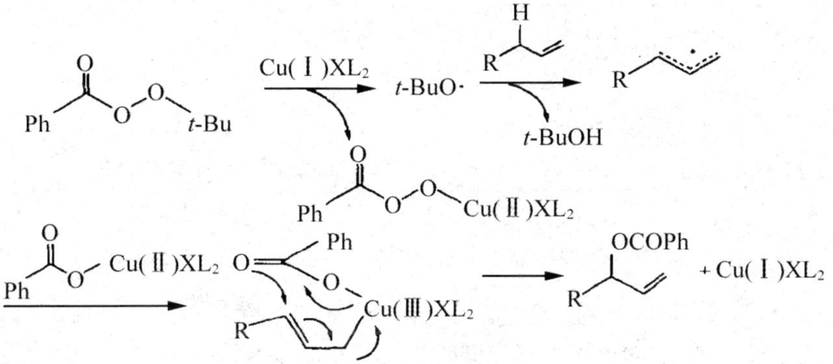

图 5-1　Kharasch 反应的机理

从图 5-1 不难看出，选择适当的手性配体，利用其铜络合物就能够达到不对称诱导的目的，获得光学活性的苯甲酸烯丙酯。事实上，烯烃(包括直链烯烃和环烯烃)的烯丙型不对称氧化反应自 1995 年以来已经引起了人们的注意，而且有数个小组已经开展了开拓性的工作。他们一般都使用手性铜络合物催化剂和过酸酯氧化剂，得到中等对映体纯的苯甲酸烯丙酯产物。迄今所报道的手性配体主要有两类：脯氨酸及其衍生物和噁唑啉类化合物(图 5-2)。

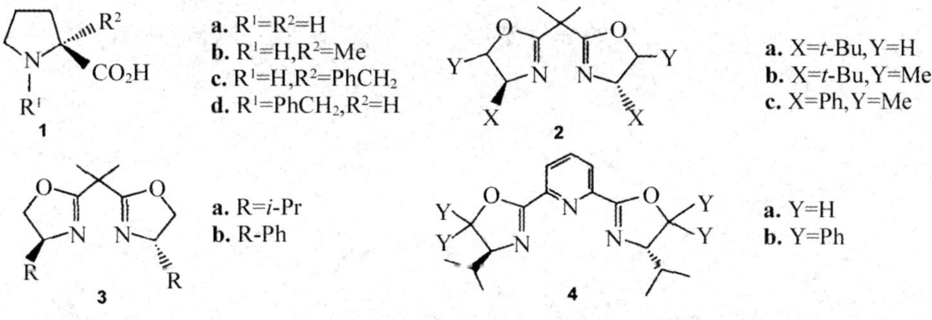


图 5-2　用于不对称氧化 C-H 键的手性配体

现列举使用配体 **1** ～ **4** 进行不对称氧化 C-H 键的典型例子。环烯烃 **5** ～ **9** 是理想的底物，尽管对映选择性不算很高，但 ee 值一般都在 50%～75%之间，最高可达 81%。直链烯烃和炔烃也能进行烯丙型或炔丙型氧化反应。

10%(mol) $Cu_2O$，50%(mol) **1a**,PhCOOH；Ph(C=O)OO-*t*-Bu,MeCN；**5** → OCOPh 62% 55%(ee)

25%(mol)Cu(OTf),$C_6H_6$,6%(mol) **4b**；Ph(C=O)OO-*t*-Bu,6mol%苯肼，丙酮；**6** → OCOPh 73% 75%(ee)

5%(mol)Cu(OTf),6%(mol)~8%(mol) **4b**；Ph(C=O)OO-*t*-Bu,MeCN；**7** → OCOPh 75% 74%(ee)

5%(mol) **2**-Cu(OTf)；Ph(C=O)OO-*t*-Bu；R **8** → OCOPh R 34%~62% 30%~81%(ee)

6%(mol)**3b**,5%(mol)Cu(MeCN)$_4$PF$_6$；Ph(C=O)OO-*t*-Bu,MeCN；Ph C$_3$H$_7$ **9** → OCOPh Ph C$_3$H$_7$ 95% 51%

拱顶形联萘铁(Ⅲ)卟啉和(salen)-Mn(Ⅲ)络合物催化的C-H氧化反应与上述催化剂相当，一般都给出中等水平的不对称诱导。然而，有研究者报道的(salen)-Mn(Ⅲ)络合物**10**和**11**都可以高对映选择地氧化与醚相邻的C-H键，得到光学活性的邻羟基醚。其产物都是手性合成中有用的手性砌块。

H H N N Mn O O Ph Ph $PF_6^-$

**10**

$R^1$ $R^1$ N N Mn O O $R^2$ $R^2$ $PF_6^-$

**11**

2 %(mol) **10**, PhIO
$C_6H_5Cl$
59%
82%(ee)

2 %(mol) **11**, PhIO
−30 ℃, $C_6H_5Cl$
61%
90%(ee)

2 %(mol) **11**, PhIO
−30 ℃, $C_6H_5Cl$
41%
89%(ee)

## 5.3　Baeyer-Villiger 不对称氧化反应

用过酸将酮氧化为酯或内酯的反应称为 Bayer-Villiger 反应。过渡金属催化剂能够催化这种反应，但对映选择的 Baeyer-Villiger 氧化反应却研究得很少。斯特鲁库(Strukul)及其合作者使用对映体纯铂络合物通过动力学拆分把环酮转换为内酯，其立体选择性为 58%(ee)。铜络合物能够进行类似的拆分，获得了 69%(ee)的光学产率。但若以双环环酮为底物时，光学产率更高。在铜络合物 **12** 的存在下，外消旋的双环酮 **13** 转变为“正常的”内酯 **14**，而另一个对映体则生成“不正常的”内酯 **15**。同样，在(*S*，*S*)-**12** 的存在下，用新戊醛作氧受体(辅还原剂)，在氧气氛围中外消旋的 **16** 以 41%的产率和 69%(ee)被氧化为内酯产物(*R*)-**17**。由于富集了(*S*)-构型的未反应的酮，所以该反应实质上是一个拆分过程。

*t*-Bu
$O_2N$
O
Cu
N
2
O
*t*-Bu
**12**

1 %(mol) **12**,$O_2$,*t*-BuCHO
苯,74%

(±)-**13**　　**14**　61%(ee)　　+　　**15**　94%(ee)

1 %(mol) **12**,$O_2$,*t*-BuCHO
苯,74%

(±)-**16**　　(*R*)-**17**　　+　　(*S*)-**16**

实际上，酶是特别有效的 Bayer-Villiger 不对称氧化反应的催化剂，但这超出了本书的讨论范围。

## 5.4　烯丙醇的不对称环氧化反应

自 1980 年以来，Sharpless 开发出以叔丁基过氧化氢(TBHP)为供氧体，以四异丙氧基钛/酒石酸二酯为催化剂的烯丙醇不对称环氧化的过程，称为 Sharpless 不对称环氧化反应。由于该方法简单可靠，使用廉价试剂，而且其产物 2，3 环氧醇类是一种用途广泛的合成中间体，其光学纯度高，对已存在的手性不敏感。这个方法的意义不仅在于所衍生的环氧醇可进行随后的区域和立体控制的亲核取代(开环)反应，再经进一步的官能化就能获得多种多样对映体纯的目标分子。因而，这种方法可能发展为合成大量光学活性天然产物和药物的最有效手段之一。

Sharpless 不对称环氧化反应已经成为一种通用的标准的实验室方法，它具有对映体选择性和催化性的本质。通过选择具有合适手性(D 或 L)的起始酒石酸酯以及选用烯丙醇的 Z-或 E-几何异构体，可以构建产物的手性或构建产物的相对构型。

'O'　D-DET
${}^tBuOOH$
$Ti(O^iPr)_4$
$R^2$　$R^1$　$R^3$　OH
L-DET　'O'
${}^tBuOOH$
$Ti(O^iPr)_4$

根据上述的模型，若用 D-(-)-酒石酸二乙酯(DET)/四异丙氧基钛(Ⅳ)作催化剂，则烯丙基醇为 TBHP 氧化为(R)-缩水甘油［R-**18**］；用 L-(+)-酒石酸二乙酯作配体则得到另一种对映异构体(S)-缩水甘油［S-**18**］。

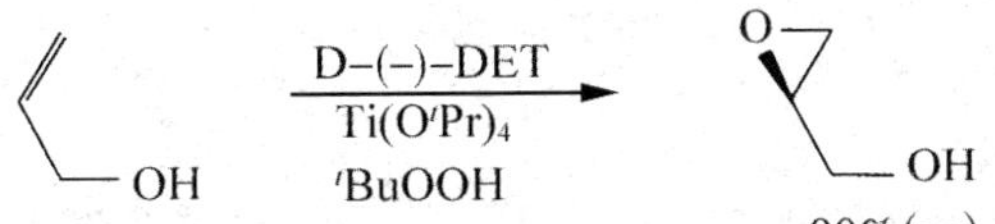

D-(-)-DET; $Ti(O^iPr)_4$; $^tBuOOH$ → 90%(ee) R-**18**

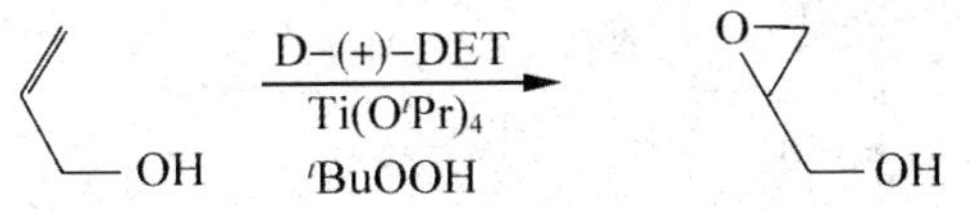

D-(+)-DET; $Ti(O^iPr)_4$; $^tBuOOH$ → 90%(ee) S-**18**

带有各种取代基的烯丙醇也服从同样的规则，可分别转化为相应的环氧化物。例如：

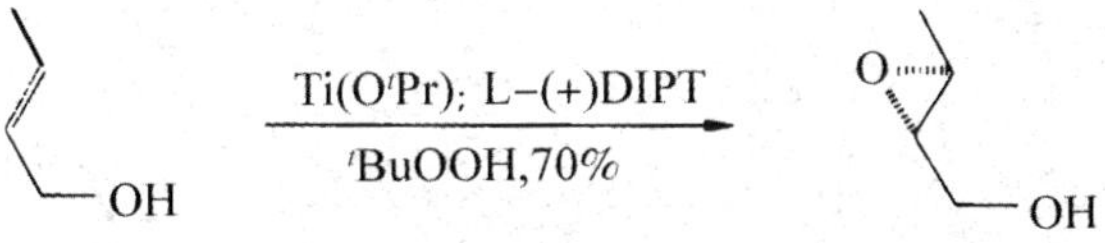

$Ti(O^iPr)$; L-(+)DIPT; $^tBuOOH$,70% → 92%(ee)

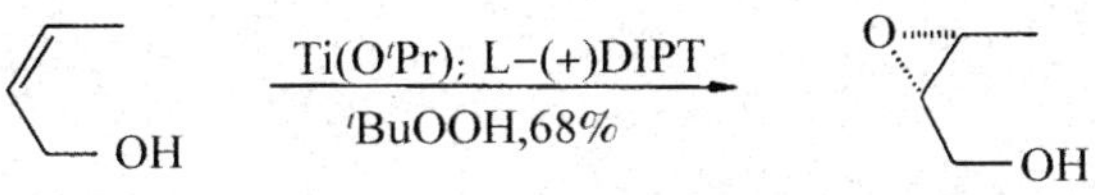

$Ti(O^iPr)$; L-(+)DIPT; $^tBuOOH$,68% → 92%(ee)

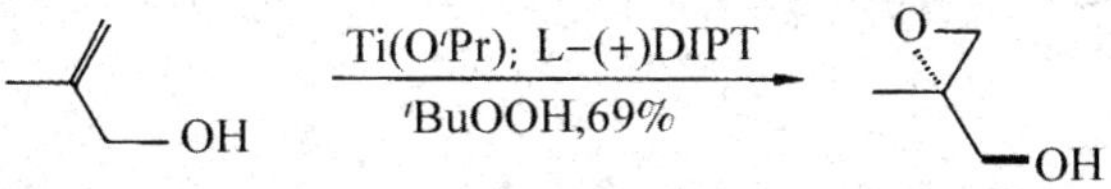

$Ti(O^iPr)$; L-(+)DIPT; $^tBuOOH$,69% → 95%(ee)

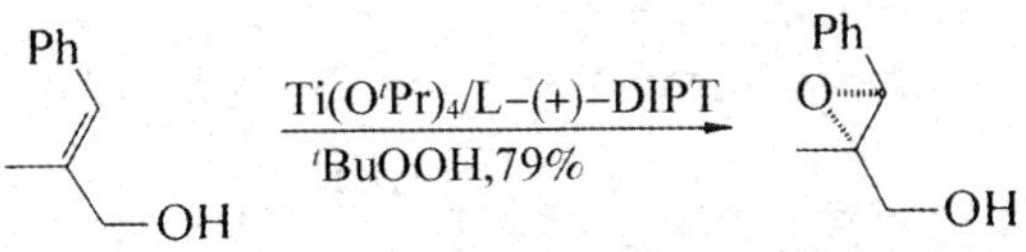

Ph … $Ti(O^iPr)_4$/L-(+)-DIPT; $^tBuOOH$,79% → Ph … >98%(ee)

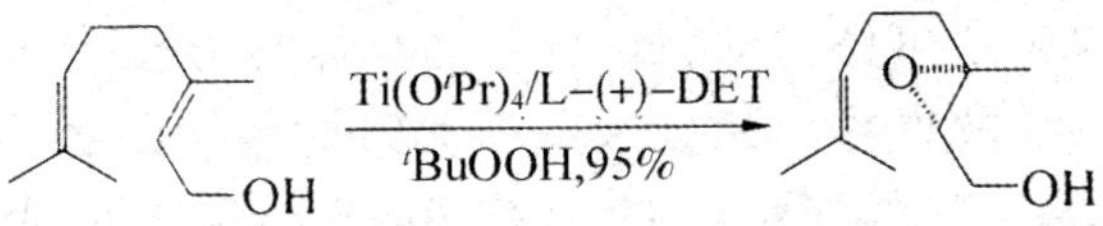

$Ti(O^iPr)_4$/L-(+)-DET; $^tBuOOH$,95% → 91%(ee)

当用外消旋的烯丙醇时，对映体之一进行 Sharpless 反应较快，因此就导致一个有速率差异的过程，它可用来在两个对映体存在的情况下选择其中的一个反应较快的对映异构体进行环氧化反应。

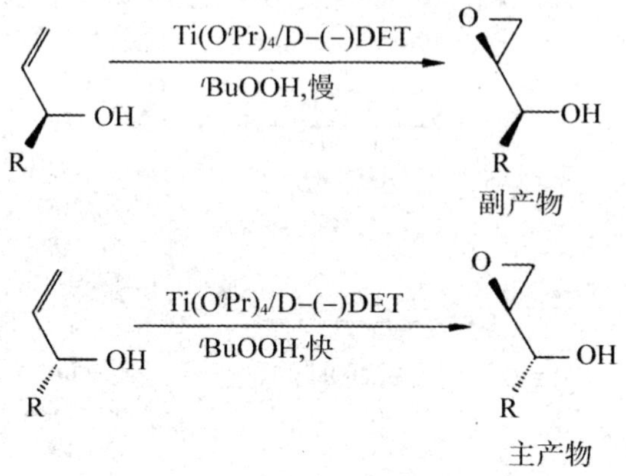
Ti(O$^i$Pr)$_4$/D-(-)DET
$^t$BuOOH,慢
OH
R
O
OH
R
副产物
Ti(O$^i$Pr)$_4$/D-(-)DET
$^t$BuOOH,快
OH
R
O
OH
R
主产物

通常，将 TBHP 的用量减少，同样的反应体系也可用于烯丙基仲醇的动力学拆分。

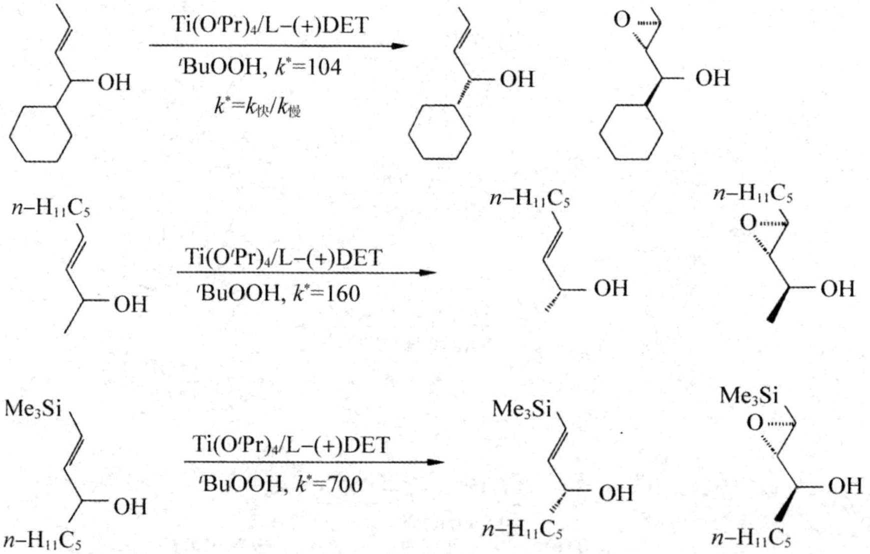
OH
Ti(O$^i$Pr)$_4$/L-(+)DET
$^t$BuOOH, $k^*$=104
$k^*$=$k_{快}$/$k_{慢}$
OH
O
OH
n-H$_{11}$C$_5$
OH
Ti(O$^i$Pr)$_4$/L-(+)DET
$^t$BuOOH, $k^*$=160
n-H$_{11}$C$_5$
OH
n-H$_{11}$C$_5$
O
OH
Me$_3$Si
OH
n-H$_{11}$C$_5$
Ti(O$^i$Pr)$_4$/L-(+)DET
$^t$BuOOH, $k^*$=700
Me$_3$Si
OH
n-H$_{11}$C$_5$
Me$_3$Si
O
OH
n-H$_{11}$C$_5$

从上面的例子可见，不同对映异构体快、慢反应速率的差别($k^* = k_{快}/k_{慢}$)有时可高达 700($k^*$ 可作为动力学拆分选择性的指标)。因而，动力学拆分可以得到光学纯度极高的产品。目前，动力学拆分已被用来制备精细化工产品。如拆分 Ips 二烯醇，ee>99%，其 R、S 对映体分别是 Ipspini 和 Ipsparaconfusus 的性引诱剂。

烯烃环氧化可能产生新的手性中心，如下列反应，底物是手性的，经选择环氧化后，产物仲醇的 C 原子上产生新的手性中心(另一手性中心是环氧 C 原子)。

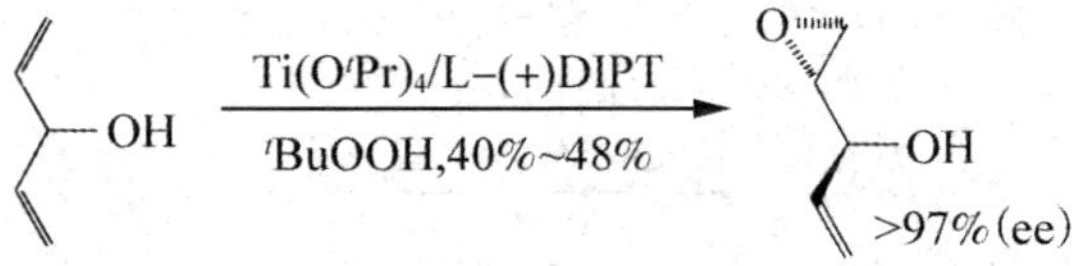

不对称环氧化反应的重大成就之一是底物 **19** 的氧化。底物 **19** 有两种异构体，各有两个烯键，都可以参与氧化反应。每个烯键都有两个非对映异构面，所以环氧化反应可能有 8 个不同的结果，但是实际上环氧化产物只有一个。

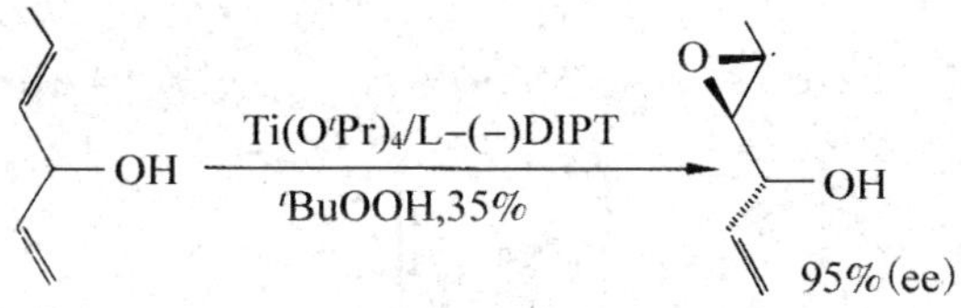

**19**

## 5.5　非官能化烯烃的不对称环氧化反应

在 Sharpless 不对称环氧化反应中，底物分子中必须含有能与催化剂配位的羟基。对于无这一结构因素的烯烃，则不会发生环氧化反应。因此，非官能化烯烃的不对称环氧化反应更具挑战性。近年来，这类烯烃的不对称环氧化反应也取得了突破性的进展，并迅速在不对称合成中得到了应用。

在非官能化烯烃的不对称环氧化反应中，雅各布森(Jacobsen)发现的手性水杨亚胺(salen)锰配合物 **20** 和史一安发现的手性酮 **21** 是两个具有代表性的催化体系。

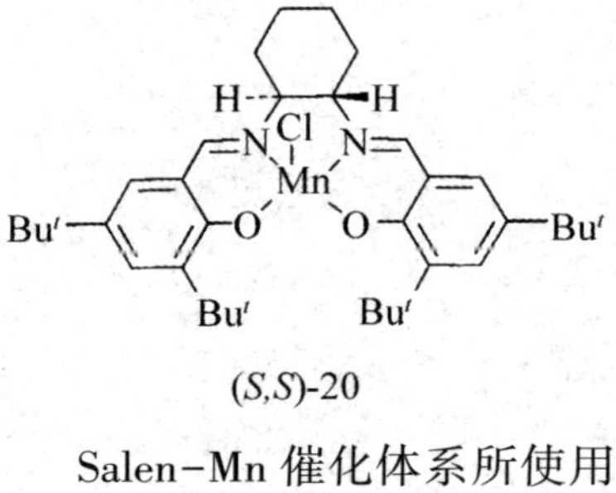

(*S,S*)-20

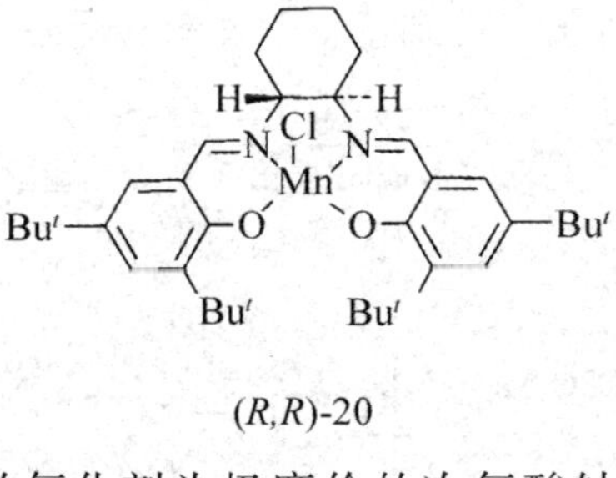

(*R,R*)-20

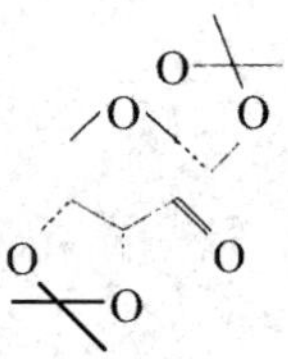

**21**

Salen-Mn 催化体系所使用的氧化剂为极廉价的次氯酸钠(漂白粉)。该反应对水、空气均不敏感。Salen-Mn 催化剂对顺式烯烃具有很好的对映选择性。如(*S*，*S*)-催化剂对顺式烯烃的环氧化反应主要发生于上面，形成相应的环氧化物(式 5-5)。但是，Salen-Mn 催化剂对反式烯烃的选择性则较差。对该环氧化反应选择性的解释是由于底物与催化剂之间的立体相互作用匹配(图 5-3)。

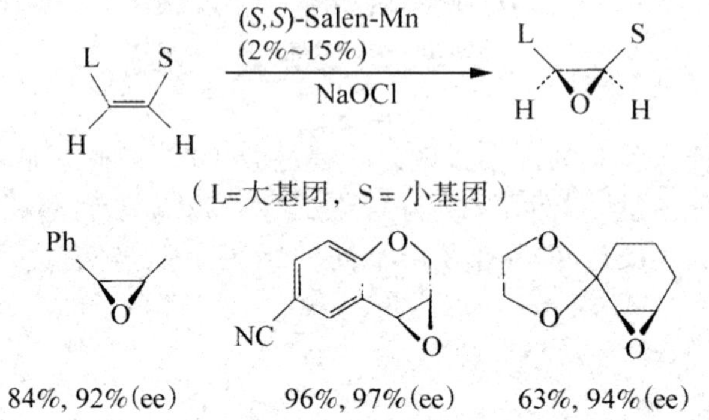

(S,S)-Salen-Mn (2%~15%), NaOCl

(L=大基团，S = 小基团)

84%, 92%(ee)　96%, 97%(ee)　63%, 94%(ee)

(5-5)

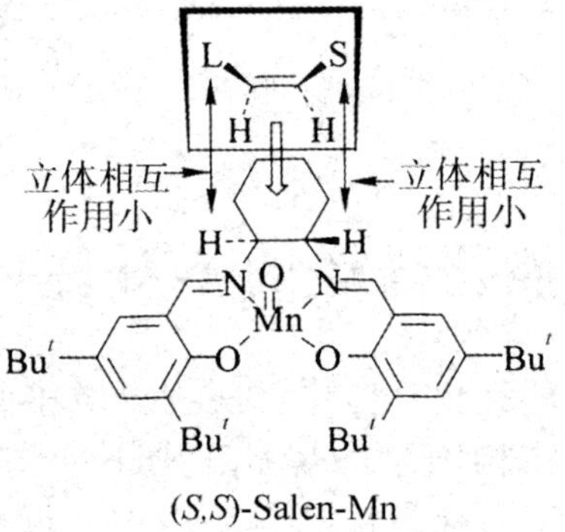

立体相互作用小　立体相互作用小

(S,S)-Salen-Mn

图 5-3　Salen-Mn 催化顺式烯烃不对称环氧化反应的机理

Jacobsen 不对称环氧化反应的成功应用之一是抗癌药紫杉醇侧链 **22** 的高效、高对映选择性合成。顺式肉桂酸甲酯在(*R*, *R*)-Salen-Mn 催化剂存在下发生对映选择性环氧化反应，形成的顺式环氧化物经位置选择性氨解开环和官能团转化，得到紫杉醇侧链(式 5-6)。

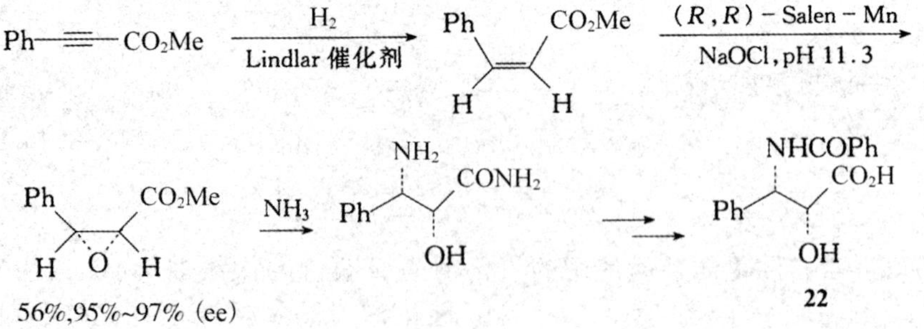

Ph—≡—$CO_2Me$ →($H_2$, Lindlar 催化剂) Ph(H)C=C(H)$CO_2Me$ →((*R*, *R*) - Salen - Mn, NaOCl, pH 11.3)

56%, 95%~97% (ee) →($NH_3$) Ph–CH($NH_2$)–CH(OH)–$CONH_2$ → → Ph–CH(NHCOPh)–CH(OH)–$CO_2H$ **22**

(5-6)

另一方面，以 D-果糖衍生得到的环酮 **21** 为催化剂在过硫酸氢钾制剂(Oxone©)存在下，则能高对映选择性地环氧化反式烯烃，弥补了 Salen-Mn 催化体系对底物的局限性(式 5-7)。

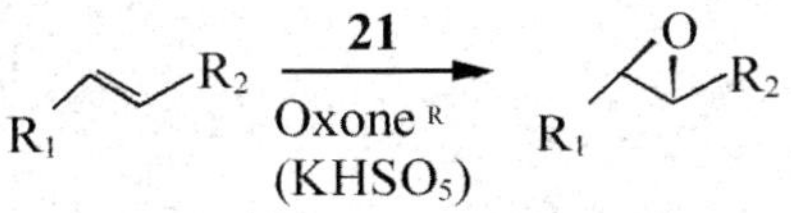

$R_1$ $R_2$ —**21**, Oxone®, ($KHSO_5$)→ $R_1$ O $R_2$

(5-7)

| 环氧化物 | 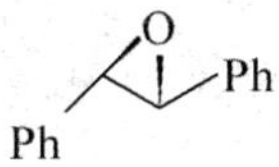 Ph O Ph | 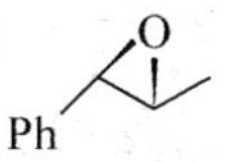 Ph O | 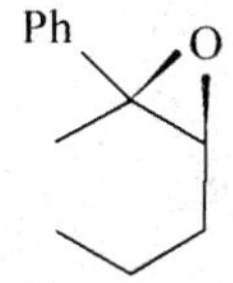 Ph O | 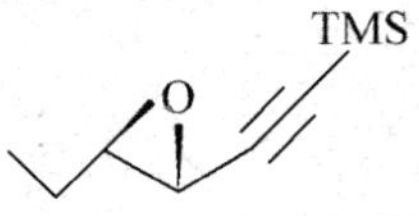 O TMS | 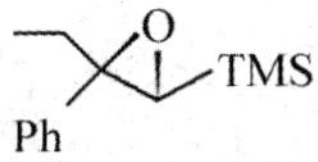 O TMS Ph |
| --- | --- | --- | --- | --- | --- |
| ee/% | >95 | 88 | 9 | 1 | 95 |

# 5.6　不对称环氧化反应研究的最新进展

近年来，绿色氧化理念已经登上科研舞台，提高目标产物的对映选择性在研究烯烃的不对称环氧化反应中具有深远的意义。当前，关于金属络合物参与的不对称环氧化受到广泛瞩目，众多科研团队就有关金属铁、锰、钛、钒、钨、钌、镱参与的不对称环氧化反应进行了深入的研究，并获得了重要的科研成果。本节我们就来阐明近年来以过氧化氢、CHP、TBHP 做氧化剂，金属络合物参与的不对称环氧化反应的研究进展。

## 5.6.1 钨与 $H_2O_2$ 参与的不对称环氧化反应

虽然早在 1980 年就有关于金属络合物参与不对称环氧化反应的研究，但直到今天仍有不少研究采用的是具有毒性的氧化剂，这显然不符合绿色氧化理念。相比之下，$H_2O_2$类氧化物因其安全、低价、易于操作且没有副产物而更加可取。所以，Katsuki 课题组介绍了有关铌与 $H_2O_2$参与的不对称环氧化反应，但是此反应在底物方面还是具有很大的局限性，尽管如此，相比前者的反应已经有了较大的改良；而 Yamamoto 课题组则借鉴了之前工作者的研究，采用钨做配件来参与不对称环氧化反应(如图 5-4 所示)。该反应有效地扩大了底物的种类，提高了不对称环氧化反应的对映选择性，同时，产率与 ee 值均较高，分别达到 92%和 95%。

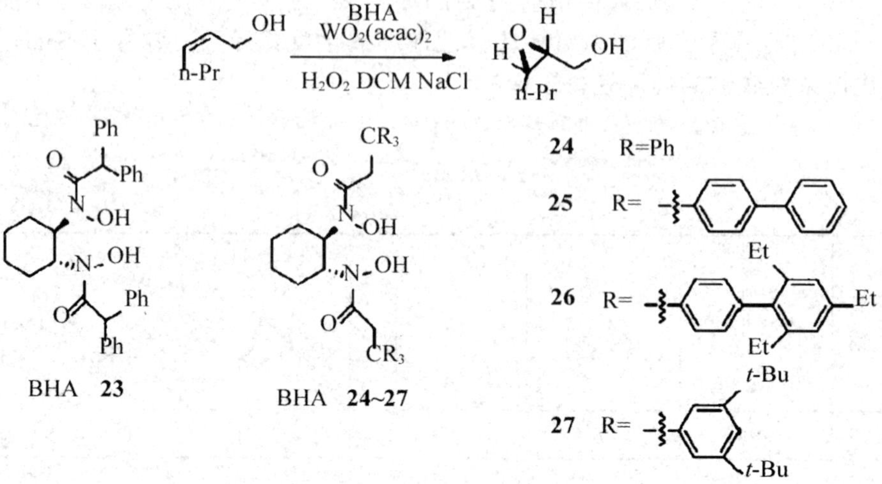

图 5-4 用钨做配件参与的不对称环氧化反应

之后该课题组又对该反应的化学选择性、特定选择性以及天然衍生物底物进行拓展，均得到较高产率。该反应通过金属钨催化，大大提高了产物的对映选择性。以 $H_2O_2$ 做氧化剂解决了反应过程中有关环境方面的问题，而且反应条件简便，底物拓展广泛，在室温下即可对一级、二级、三级烯丙醇与高烯丙醇进行成功环氧化反应。

## 5.6.2 铪与 CHP 参与的不对称环氧化反应

据 Yamamoto 课题组报道，针对三级烯丙醇以及高级烯丙醇的不对称环氧化反应，他们使用铪作为配件有效地克服了有关对映选择性、产物手性、反应活性、空间位阻等一系列问题，并且产率以及 ee 值也比较理想(如图 5-5)。该反应在 0 ℃，48 小时下反应产率可达 99%，ee 值达到 98%。

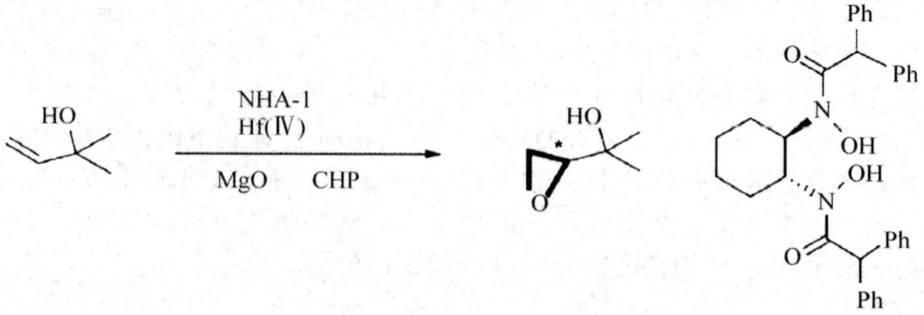

图 5-5 用铪做配件参与的不对称环氧化反应

### 5.6.3 钒与 TBHP 参与的不对称环氧化反应

关于手性环氧醇的不对称环氧化合成是一个十分重要的有机方法学。它对合成药物、农用化学产品、生物骨架具有很高的价值。包括 Katsuki-Sharpless 合成法在内的许多方法均可合成手性环氧醇。但是之前工作者的方法有许多局限性，在产率、手性、对映异构上均有需要突破的地方。由此 Yamamoto 课题组采取以金属钒作为配体参与不对称环氧化反应，达到了优质效果(如图 5-6 所示)。

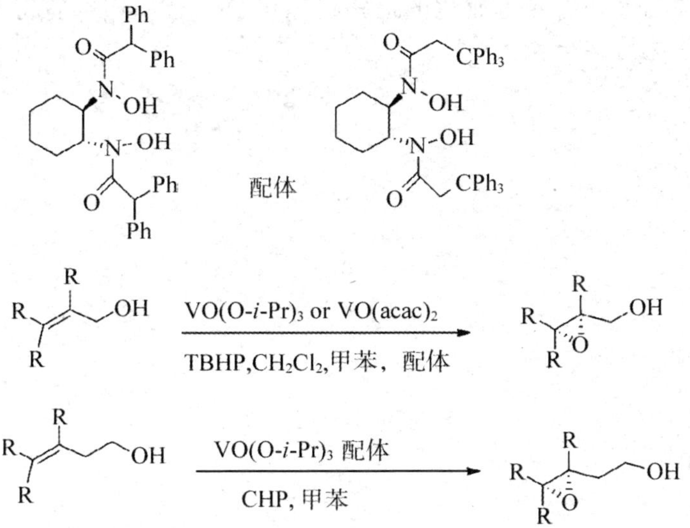

配体

VO(O-*i*-Pr)$_3$ or VO(acac)$_2$

TBHP,$CH_2Cl_2$,甲苯，配体

VO(O-*i*-Pr)$_3$ 配体

CHP, 甲苯

图 5-6 用钒作配件参与的不对称环氧化反应

之后 Noji 课题组在借鉴 Sharpless 反应的基础上也对钒与 TBHP 参与的不对称环氧化反应进行了研究(如图 5-7)。结果在联萘异羟肟酸(BBHA)催化作用下很好地合成产物，且产物以及 ee 值均达到理想数值。

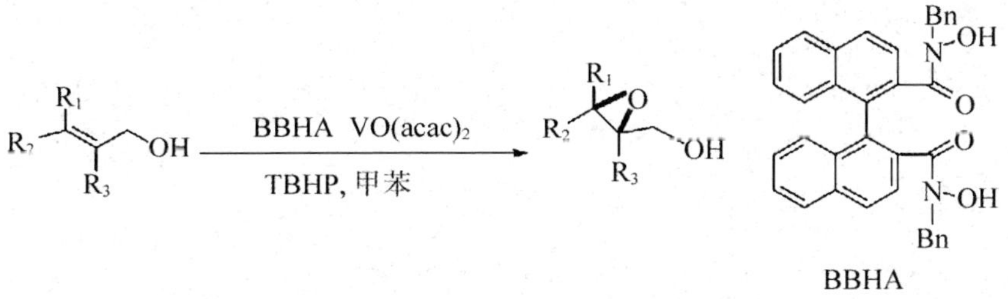

BBHA VO(acac)$_2$

TBHP, 甲苯

BBHA

图 5-7 钒与 TBHP 参与的不对称环氧化反应

综上，从 20 世纪开始已经有大批的有机科研工作者投入到不对称环氧

化工作中，现如今不对称环氧化反应已经形成多种手性催化体系、双金属催化体系、手性酮催化体系以及负载手性催化体系等几大体系，并且各具特色。越来越多的金属配体络合物被有机工作者所发现，并有效地运用到合成中。在以双氧水、TBHP、CHP 等清洁的有机溶剂参与下也大大保证了反应的环保性。许多成果已经成功运用于生物材料、农业、药物合成等各个方面。但是，从许多反应的机理来看还存在许多不足与争议有待继续研究，并且绿色化学一直是所有科研工作者需要关注的问题。更为重要的是要将科研工作有效地转化到实际生产生活中去。目前，能否发展更为普遍、廉价、节能、高效的金属配体也同样棘手。总的来看这方面的工作还有很多问题需要解决，迈向工业化的道路还很漫长，这一切都有待于更多的科研工作者关注与参与。

# 第6章　不对称氢甲酰化催化反应

氢甲酰化反应(hydroformylation)又称羰基合成反应(oxo process)，是由O. Roelen于1938年在德国鲁尔化学公司从事费托合成中发现的，在化学工业中具有广泛的应用。不对称氢甲酰化是合成多种光学活性醛的重要方法，反应原子经济性高达100%，应用前景广阔。然而，不对称氢甲酰化反应却面临三大难题，即对映选择性(最高的不对称诱导和光学活性产物最低的外消旋化，ee值)、化学选择性(氢甲酰化/氢化)和区域选择性(支链醛/直链醛)。

$$R\text{-}CH_2CH=CH_2 \xrightarrow[CO/H_2]{[Rh]} R\text{-}CH_2CH_2CH_2CHO/R\text{-}CH_2CH(CHO)CH_3 + R\text{-}CH_2CH_2CH_3 + R\text{-}CH=CHCH_3$$

氢甲酰化　　氢化　　异构化

## 6.1　不对称氢甲酰化反应的催化剂与反应机理

不对称氢甲酰化催化过程除了要求有高的对映体选择性，光学收率要达90%以上外，还要求有高的区域选择性。此外还希望生成的光学活性的醛在反应条件下不发生消旋化反应。端位烯烃的氢甲酰化反应如下：

$$PhCH=CH_2 \xrightarrow[(H_2+CO)\,10MPa,\ >99\%]{Rh(acac)(CO)_2,\ (S,R)\text{-}BINAPHOS} PhCH(CHO)CH_3\ (b,\ 94\%(ee)) + PhCH_2CH_2CHO\ (n)$$

b : n = 88 : 12

在催化剂作用下，羰基可能连接到端位碳原子上，生成无光学活性的直链醛(n)；也可能连接到双键的另一碳原子上，生成有光学活性的支链醛(b)。b/n是区域选择性的指标。而具有光学活性的带侧链的异构醛(b)有两种对映异构体(R)和(S)。这里需要注意的是，凡是骨架含有碳支链的有机物都是异构体；凡是直链结构没有其他碳支链的都是正构体。正构体和异构体不仅存在于烃中而且存在所有有机物中。一般情况下，正醛用n表示(normal)，异构醛用i表示(*iso*⁻)，如式6-1。

R—CH=CH₂ 催化剂, CO/H₂ → 正醛（n） + 异构醛（i） （6-1）

通常由手性配体和贵金属(尤其是铑)形成过渡金属络合物作为不对称氢甲酰化反应的催化剂，其中手性配体是手性催化剂产生不对称诱导和控制的源泉。即使对配体进行很微小的改变，产品的产率、区域选择性、对映选择性也会随之发生很大的变化。

一般情况下，根据不同烯烃结构的不同，可通过多种途径利用氧甲酰化反应获得手性醛，典型的几种主要方法如下所述：

(1)如式6-2，通过把一氧化碳插入到单取代末端烯烃有取代基的 $sp^2$-碳上，生成异构醛(i)。

(2)如式6-3，通过把一氧化碳插入到 $\alpha$，$\beta$-二取代烯烃两个 $sp^2$-碳中的任一碳上。

(3)如式6-4，通过把一氧化碳或氢气插入到 $\alpha$，$\alpha$-二取代末端烯烃取代基最多的 $sp^2$-碳上。

（6-2）

（6-3）

（6-4）

式6-2～式6-4中的第一个产物都是不对称形成C—C键，这是合成手性醛最常见的方法，一般称为 $\alpha$-不对称诱导。式6-4中的第二个产物是不对称形成C—H键，得到支链最少的醛，通常称作 $\beta$-不对称诱导。事实上，如果有适当的催化体系，只要氢甲酰化的转化率低于100%(最好是~50%)，一个外消旋的单取代烯烃就可以通过动力学拆分获得光学活性的醛和未反应的光学活性底物(烯烃)，见式6-5。

$$(\pm)\text{-}R-\underset{\underset{R'}{|}}{CH}-CH=CH_2 \xrightarrow{CO/H_2} R-\underset{\underset{R'}{|}}{\overset{\overset{H}{\wr}}{C}}-CH_2CH_2CHO + R-\underset{\underset{R'}{|}}{\overset{\overset{H}{\wr}}{C}}-CH=CH_2 \tag{6-5}$$

## 6.1.1 不对称氢甲酰化反应的催化剂

氢、羰基及(或)其他配体(L)与第Ⅷ族过渡金属(M)形成的络合物 $H_xM_y(CO)L_n$ 能够催化烯烃的氢甲酰化反应。

其中，钴是工业上传统的羰基合成金属，第一代氢甲酰化催化工艺就是以羰基钴 $Co_2(CO)_8$ 作催化剂。$Co_2(CO)_8$ 首先溶解在反应液中，在氢甲酰化反应条件下转化成活性物种 $HCo(CO)_4$。但 $HCo(CO)_4$ 极易分解为 Co 和 CO，为保证 $HCo(CO)_4$ 的稳定性和适当的反应速率，需要维持较高的合成气气压(20～30 MPa)，因此这种催化反应方法又称“高压钴法”。由于采用高压钴法生成的产物中，更具工业应用价值的正构醛所占比例较低，为了提高催化剂活性物种稳定性和催化选择性，人们进行了进一步的研究和改进，改进的主要方向是改变中心原子和配体。

铑是比钴更具氢甲酰化反应活性的金属。铑催化剂可以有效地在更温和的温度和压力下操作，未修饰的羰基铑催化剂在氢甲酰化反应中的活性是钴的 102 ～ 104 倍，但产物正异比较低。20 世纪 70 年代中期，以 $HRh(CO)(PPh_3)_3$ 为催化剂的氢甲酰化反应由美国联合碳化物公司(Union Carbide Corporation，简称 UCC)实现工业化应用，因其反应条件温和，故称“低压铑法”。此工艺对醛和正构醛的高选择性，使其很快在丙烯氢甲酰化生产中取代传统“高压钴法”而居于主要地位。但由于铑的价格比钴的价格高 3500 倍，因此对催化剂的损失程度有更高的要求。

近些年来，以铑和铂为基础的催化体系一直是人们的研究热点，且取得了令人瞩目的进展。但目前用得最多的催化剂仍以用配体(L)改良的铑催化剂为主，其在低到中压(5 ～ 100 bar)下催化氢甲酰化获得的选择性和活性都比较高，可用于较低压力的操作过程。

## 6.1.2 不对称氢甲酰化反应的反应机理

Breslow 和 Heck 早在 1960 年就提出了钴催化的氢甲酰化的反应历程，这种所谓的解离历程被人们广泛接受。对这种历程稍作修正后也符合膦和氧膦(亚磷酸酯，作配体时本文译作氧膦)-铑催化的氢甲酰化反应。采用铑金属作为催化前驱体，具有反应活性高，立体选择性好等优点。其反应机理如图 6-1 所示。

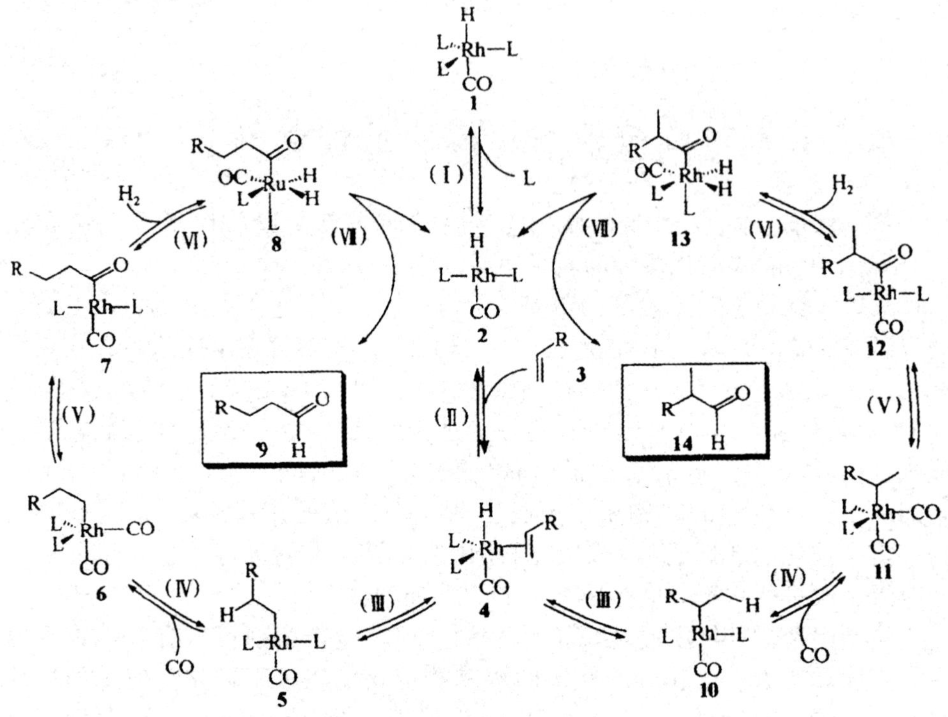

图 6-1 铑催化的烯烃氢甲酰化反应的历程

由图可知，铑催化的烯烃氢甲酰化反应的历程主要如下：

(1)膦、氧膦或一氧化碳等施主配体与 Rh(Ⅰ)络合物，在合成气压力下作用形成 18 电子的关键中间体——三角双锥络合物 1。

(2)三角双锥络合物 1 解离一个配体后形成具有催化活性的 16 电子物种 **2**(Ⅰ)。

(3)通过烯烃 **3** 在平伏位置的配位开始催化循环，形成烯烃、氢化铑三角双锥络合物 **4**(Ⅱ)。

(4)烯烃插入到 Rh — H 键中(Ⅲ，氢金属化)形成四边形的烷基铑络合物 **5** 和 **10**。

(5)经过一氧化碳配位(Ⅳ)分别生成三角双锥络合物 **6** 和 **11**。

(6)烷基迁移插入到一个配位的一氧化碳配体中(Ⅴ)产生四边形的酰基络合物 **7** 和 **12**。

(7)分子氢的氧化加成(Ⅵ)形成铑($Rh^{2+}$)络合物 **8** 和 **13**。

(8)还原消除Ⅶ产生互为异构体的醛 **9** 和 **14**，并再生出催化活性物种 **2**。

未改良的铑催化剂的动力学研究表明，对线型烯烃来说，氧的氧化加成是决定反应速率的步骤，这与未改良钴催化剂和 $[HRh(CO)_2(PH_3)_2]$ 催化体系 ab initio 的计算一致。然而，对用三苯基膦改良的铑催化剂的动力学研究却揭示，像乙烯、丙烯这些位阻很小的烯烃决定速率的步骤是在催化循环之初，即烯烃加成或插入步骤。

在大多数情况下，氢甲酰化反应的区域、非对映和对映选择性取决于氢金属化一步。完全顺式加成，随后一氧化碳迁移插入并保持构型。所以，贯穿氢甲酰化反应的所有立体化学都是氢化物和甲酰基的顺式加成。

$$\xrightarrow[\text{CO/H}_2\text{，苯，80 ℃}]{\text{HRh(CO)(PPh}_3)_3} \qquad (6\text{-}6)$$

# 6.2　以手性膦为配体催化的不对称氢甲酰化反应及其应用

在末端烯烃形成具有手性的支链醛的过程中，手性配体起到主要的立体控制作用。这里我们需要了解估计配体空间属性的基本参数“锥角”(Tolman 提出)和“咬角”(Casey 提出)，如图 6-2 所示。

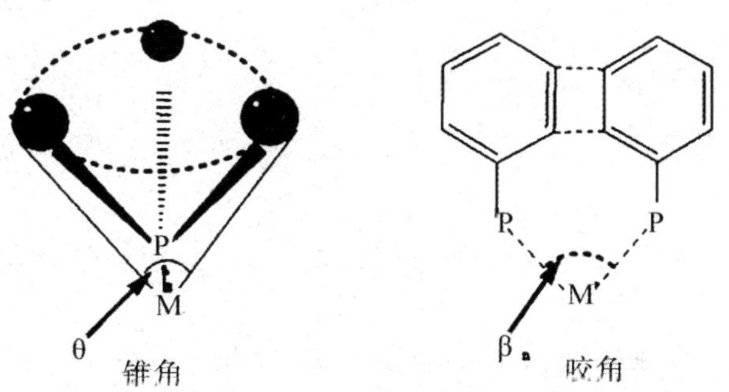


图 6-2　锥角和咬角示意图

由于金属种类或配体结构的不同，其基本参数也会有所差异，因此其立体控制作用也有较为明显的区别。2014 年，Samir 等提出在单膦配体催化的不对称氢甲酰化中，铑金属与手性配体形成的复合物为三角锥形，其最大限度地减少了任何不利空间的相互作用。芳基烯烃侵入方向不同，产物醛形成的构型也会不同。手性配体的结构不同，铑与其形成的复合物结构也随之不同，导致最佳的侵入方向也不同，所以控制一个有利的侵入方向是获得单一构型产物的必要前提。

## 6.2.1 手性单膦配体在不对称氢甲酰化反应中的应用

首例不对称氢甲酰化反应是在 1972 年以苯乙烯为底物进行的，其产物醛的化学选择性和异正比较大，但 ee 值较低，仅为 18%。2004 年，Hua 等报道了使用图 6-3 所示配体与铑螯合催化 3-丁烯腈的不对称氢甲酰化反应(式 6-7)，取得了较好的异正比(96：4)和 ee 值(80%)。

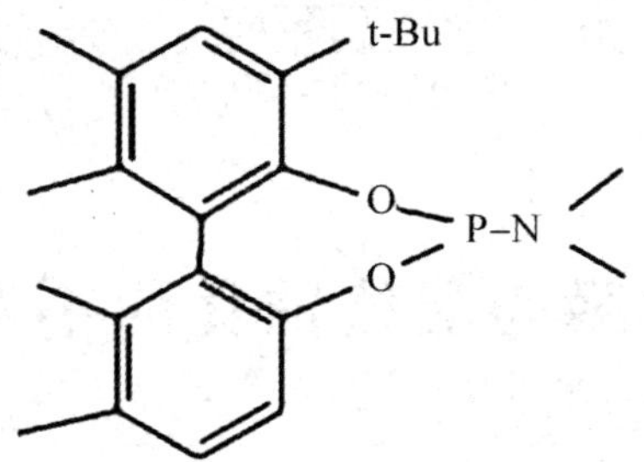


图 6-3　Hua 等催化 3-丁烯腈实验时使用的配体

NC（3-丁烯腈）→ 产物 NC–CH₂–C*H(CHO)–CH₃

Rh(acac)$(CO)_2$/配体12(1/3)

$n(H_2)/n(CO)$(1/1,4.0 MPa)

甲苯，25 ℃，74 h

$n(S)/n(C)$=200

CHO

NC

转化率=100%

异正比=96:4

光学收率：80%(ee)

(6-7)

虽然这种配体催化 3-丁烯腈有很好的 ee 值，但在催化其他烯烃时效果并不理想。

2006 年，樊保敏等合成了手性螺环单膦配体（*R*）– SIPHOS（见图 6-4)用于苯乙烯衍生物的不对称氢甲酰化反应。研究表明：配体氮原子上取代基为异丙基时，产物能取得较好的对映选择性。在催化其他苯乙烯衍生物时，虽然底物适用性有所提高，但也存在一定的缺陷，即对映选择性不佳。

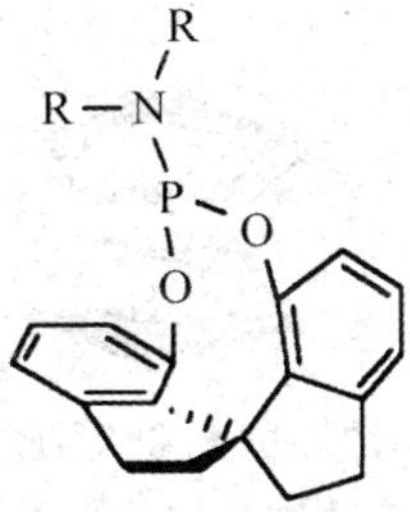

R=Me(**1**)
R=-$(CH_2)_4$-(**2**)
R=*i*-Pr(**3**)
R=*i*-$C_6H_{11}$(**4**)
R=(*S*)-PhCH(Me)(**5**)
R=(*S*)-PhCH(Me)(**6**)

图 6-4　单膦配体（*R*）- SIPHOS（1 ～ 6）

而用手性单膦配体 BNPPA(如图 6-5)催化苯乙烯的不对称氢甲酰化反应，转化率为 95%，醛的选择性达到 85%，ee 值为 20%。

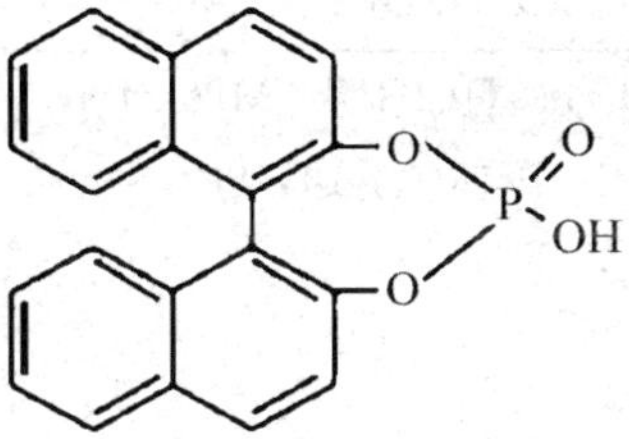


图 6-5　单膦配体 BNPPA

目前，关于单膦配体的研究已经成为一个热点，并且已经取得了一定的成果，但综合来看，都还存在一定的缺陷。所以，关于单膦配体方面的研究仍是一大挑战，需要我们付出更多的努力进行探索和研究。

## 6.2.2 手性双膦配体在不对称氢甲酰化反应中的应用

### 6.2.2.1 二茂铁为骨架的手性双膦配体在不对称氢甲酰化反应中的应用

2000 年，Florian 等报道了手性二茂铁双膦配体(见图 6-6)与铑催化剂体系催化苯乙烯的不对称氢甲酰化，配体取代基不同其催化效果不同，ee 值最高为 76%，但转化率很低，仅为 3%。

2004 年 Breit 等通过先将手性二茂铁结构的膦配体 ($S_P$) - o - DPPF (见图 6-7)引入到烯烃中形成具有光学活性的底物，实现了烯烃不对称氢甲酰化的区域和立体选择性的控制，其反应过程见图 6-8。虽然通过这种提前引入手性配体的方法可以得到光学纯度很高的醛(99%)，但是这种方法反应步骤比较繁琐，增加了反应成本。

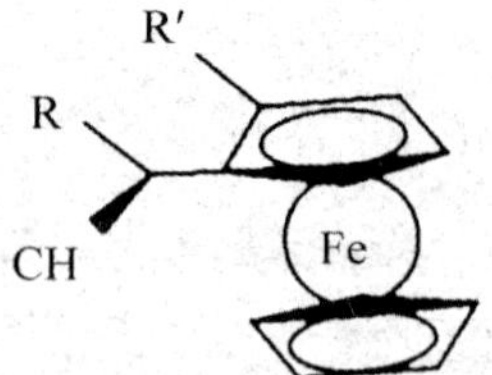


图 6-6　Florian 等报道的手性二茂铁双膦配体

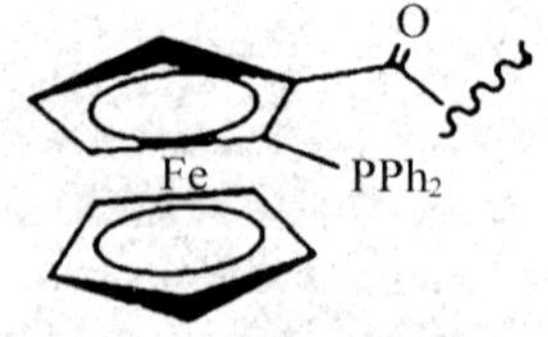


图 6-7 Breit 等使用的手性二茂铁结构的膦配体 $(S_P)$ - o - DPPF

O[$(S_P)$-o-DPPF]

R　R

$1.8\%Rh(acac)(CO)_2$

$7.2\%R(OPh)_3$

$n(H_2)/n(CO)$(1/1, 4.0 MPa), THF

配体$(S_P)$-o-DPPF

O[$(S_P)$-o-DPPF]

R　R　O

收率：71%~90%

异正比：7.3~99

ee：>99%

图 6-8　用 $(S_P)$ - o - DPPF 实现烯烃不对称氢甲酰化的过程

#### 6.2.2.2 手性双膦杂合配体在不对称氢甲酰化反应中的应用

DIOP 是发现最早的手性双膦配体，由 Kagan 等在天然酒石酸中制得，最先用于图 6-9 所示的化合物的不对称氢化反应，对映选择性达到 88%，但应用于烯烃不对称氢甲酰化则对映选择性较低。

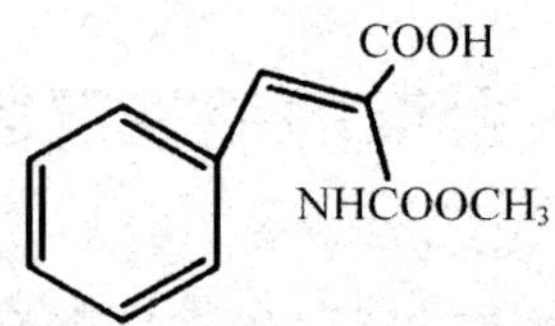


图 6-9　最先用 DIOP 参与不对称氢化反应的化合物

(*S*，*S*)-DIOP(见图 6-10 中“1”)是铂-锡络合物催化氢甲酰化反应的第一个手性配体，但在以丁烯和芳基乙烯为底物的最初阶段研究中，氢甲酰化的结果并不理想，常伴有氢化甚至异构化和聚合反应发生，不仅重复性差，光学产率低，而且氢甲酰化的区域选择性完全取决于底物的性质。例如，α-甲基丙烯酸甲酯或 2-芳基丙烯的甲酰基主要加到碳-碳双键的末端碳上形成图 6-10 中“2”所示的醛，见式(6-8)，而苯乙烯和 2-丁烯却与此相反，主要生成异构醛，详见图 6-10。

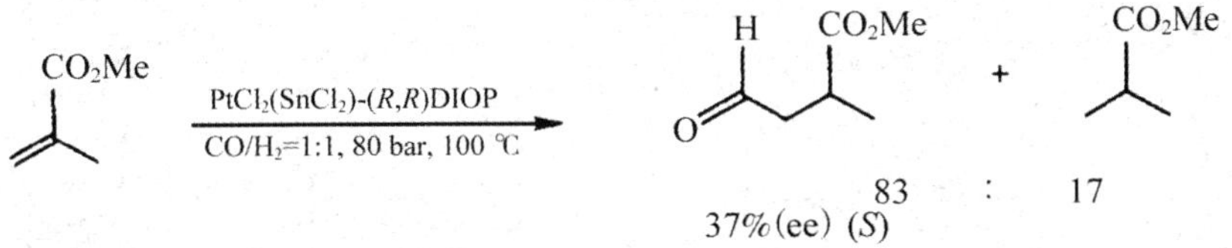

$CO_2Me$ 取代烯烃 —[$PtCl_2(SnCl_2)$-(*R*,*R*)DIOP; $CO/H_2$=1:1, 80 bar, 100 ℃]→ 醛（H, O, $CO_2Me$）+ $CO_2Me$ 异构产物

83 : 17

37%(ee) (*S*)

(6-8)

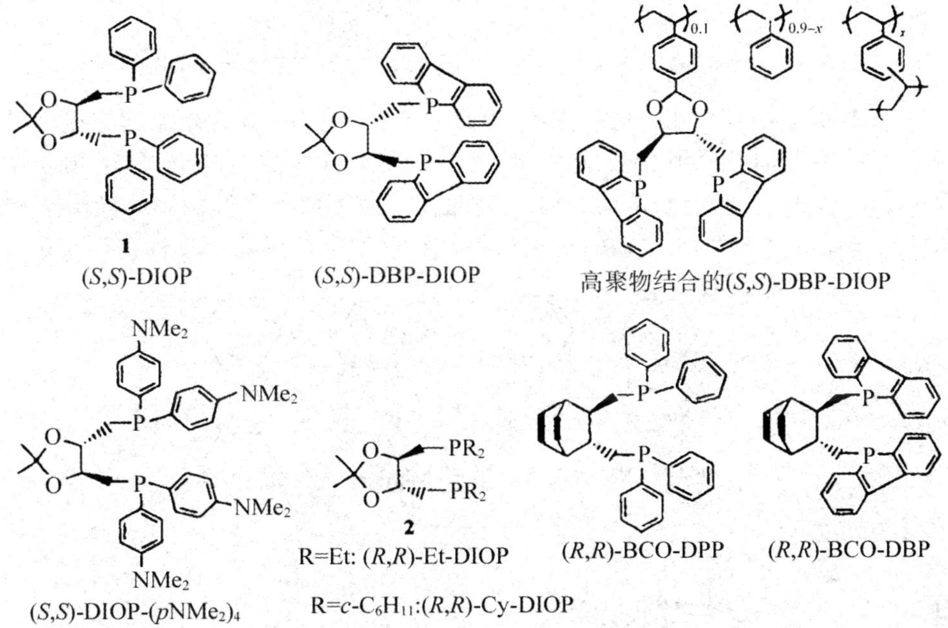

1
(*S*,*S*)-DIOP

(*S*,*S*)-DBP-DIOP

高聚物结合的(*S*,*S*)-DBP-DIOP

(*S*,*S*)-DIOP-($p$NMe$_2$)$_4$

2
R=Et: (*R*,*R*)-Et-DIOP
R=$c$-$C_6H_{11}$:(*R*,*R*)-Cy-DIOP

(*R*,*R*)-BCO-DPP

(*R*,*R*)-BCO-DBP

图 6-10　最初用于氢甲酰化的手性双膦配体

图 6-11 所示配体 BINAPHOS 的发现是不对称氢甲酰化反应的一次重大突破，其催化效果好并且对其修饰可以衍生出各种手性配体。在不对称氢甲酰化反应中，BINAPHOS 的两个手性联萘单元的手性诱导功能都很重要。如(*R*，*S*)-BINAPHOS 比(*R*，*R*)-BINAPHOS 反应活性明显提高，立体选择性大幅度改善，且具有广泛的底物适用性。

Solinas 等在 2005 年通过采用(*R*，*S*)-BINAPHOS 为配体，催化苯乙烯的不对称氢甲酰化反应，其转化率为 64%，ee 值为 88%。而且在用于芳基乙烯基醚类底物的不对称氢甲酰化反应时，ee 值为 80%，效果也较良好。

2000 年，VAN 课题组报道了图 6-12 所示的膦-亚磷酸盐类手性配体在苯乙烯的不对称氢甲酰化反应中的实验数据，数据表明其效果良好。通过原位高压 NMR 研究表明，P-H 耦合常数 $j_{P-H}$ 为 90～115 Hz，并且拥有较小的 $PO_3$ - H 耦合常数 $j_{PO_3-H}$（2～16 Hz）。

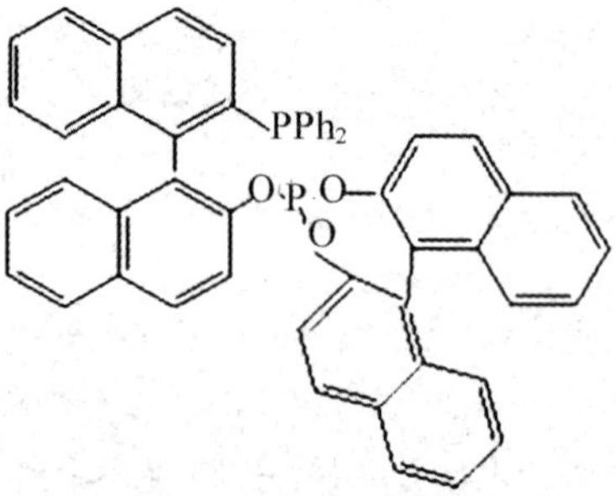

图 6-11 配体 BINAPHOS

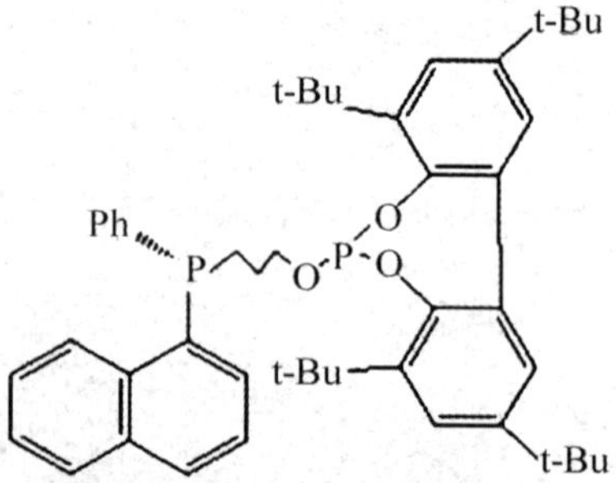

图 6-12 膦-亚磷酸盐类手性配体

VAN 课题组在 2010 年又报道了图 6-13 所示的配体，并把其应用在芳基烯烃的不对称氢甲酰化反应中,表现出中度至良好的对映选择性。由于中间物 $j_{P-H}$ 和 $j_{PO-H}$ 耦合常数约 69 Hz,表明存在两个数量大致相等的异构体 b1 和 b2,如图 6-14 所示。产物的对映选择性和这种配体构象流动性密切相关。

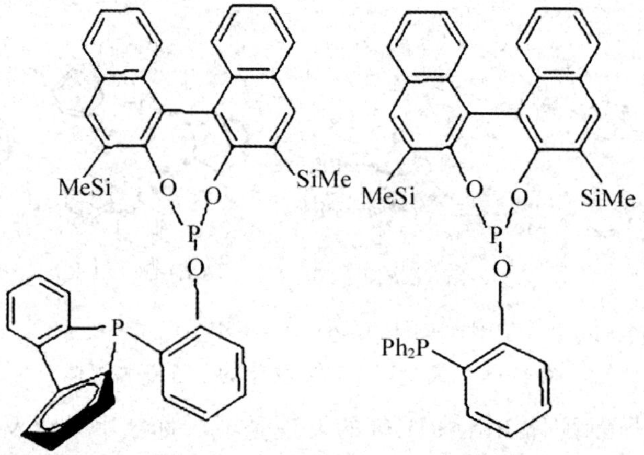

图 6-13 VAN 课题组在 2010 年报道的应用在芳基烯烃的不对称氢甲酰化反应中的配体

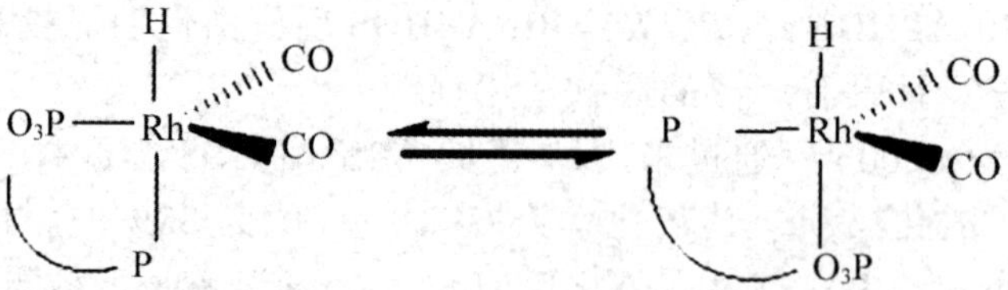

图 6-14 图 6-13 所示配体与铑结合形成的两个异构体

Pizzano 等在 2007 年报道了图 6-15 所示的刚性膦-亚磷酸盐配体在芳基烯烃的不对称氢甲酰化反应中的实验结果，其表现出较强的选择性。图

6-16所示的异构体，反应出底物和配体之间的 π - π 推积相互作用影响了对映选择性。

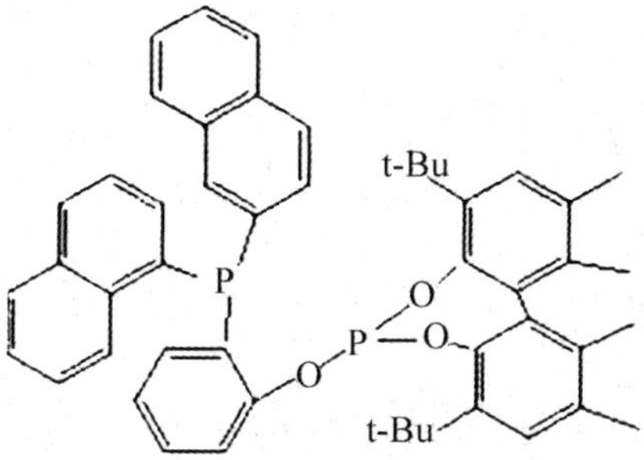

图 6-15　Pizzano 等报道的刚性膦-亚磷酸盐配体

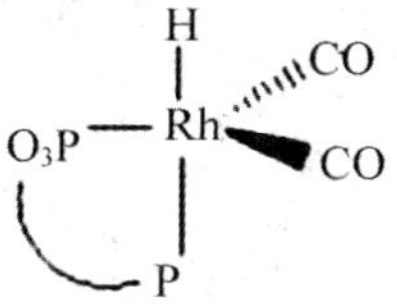

图 6-16　图 6-15 所示配体与铑结合形成的异构体

Noonan 等在 2012 年，将图 6-17 所示的手性膦配体应用到醋酸乙烯酯不对称氢甲酰化反应中，数据表明其转化率达 99%，异构醛收率达 99%，ee 值达 83%。将底物扩展到各种芳基烯烃，转化率和 ee 值均有较好表现，分别达到 80%以上和 85%以上。

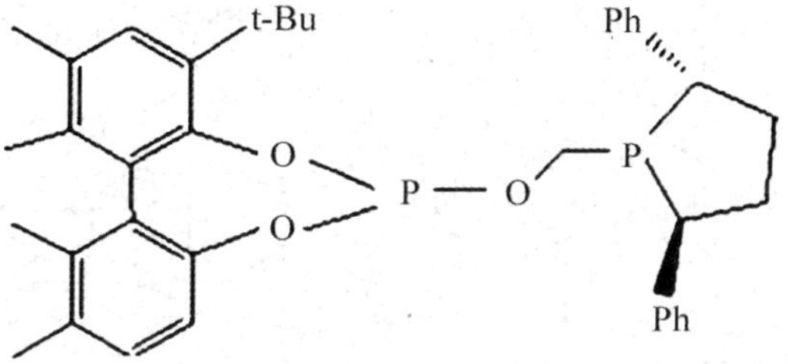

($S_{ax}$S, S)-bobphos

图 6-17　Noonan 等在 2012 年报道的手性膦配体

2016 年，国内邢爱萍等分别以 (*R*) - $H_8$ - BINOL 和 (*S*) - $H_8$ - BINOL 为配体骨架，合成了图 6-18 所示的具有螺旋结构的 $C_3$对称新型螺旋单齿亚磷酸酯配体，并将它们首次成功应用于催化苯乙烯的不对称氢甲酰化反应。实验表明，其转化率为 93%，*b/l* = 95/5，这说明其具有较高的催化活性和区域选择性，但是对映选择性较低，仅有 28%。

### 6.2.2.3 手性膦-亚磷酰胺类手性配体在不对称氢甲酰化反应中的应用

基于 BINAPHOS 配体的成功，张绪穆等合成了与 BINAPHOS 配体结构相似的膦-亚磷酰胺性配体(*R*，*S*)-YanPhos，如图 6-19 所示。与(*R*，*S*)-

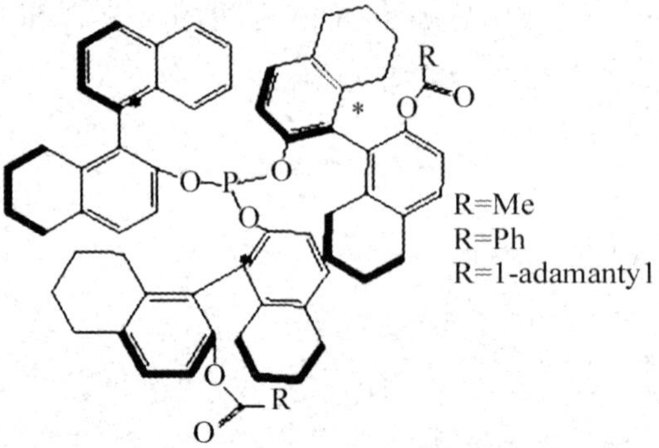

图 6-18　螺旋结构的 $C_3$ 对称的单齿亚磷酸酯配体

BINAPHOS 相比，(*R*，*S*)-YanPhos 与铑形成的中间体结构中的 P — Rh — P 活性位点附近的手性空间更加紧密，可以提供一个更深、位阻更大的反应空间。而且研究表明，(*R*，*S*)-YanPhos 配体与铑结合形成的催化剂，在催化芳基烯烃、醋酸乙烯酯、烯丙基腈的不对称氢甲酰化反应时，其立体选择性和对映选择性均大于 98%，而且对反应条件要求较低，在 2.0 MPa，60 ℃的条件下即可进行。

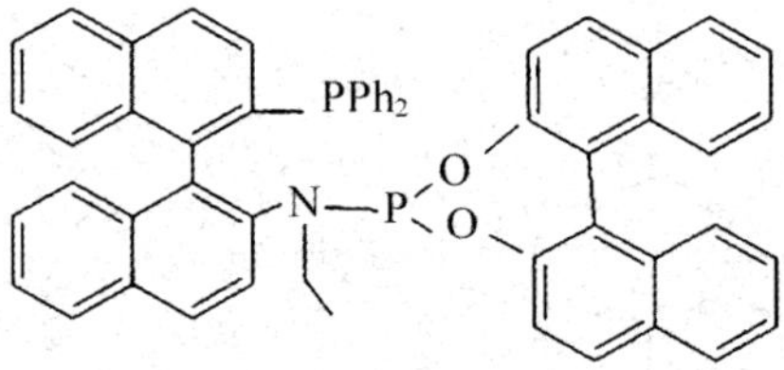

(a)

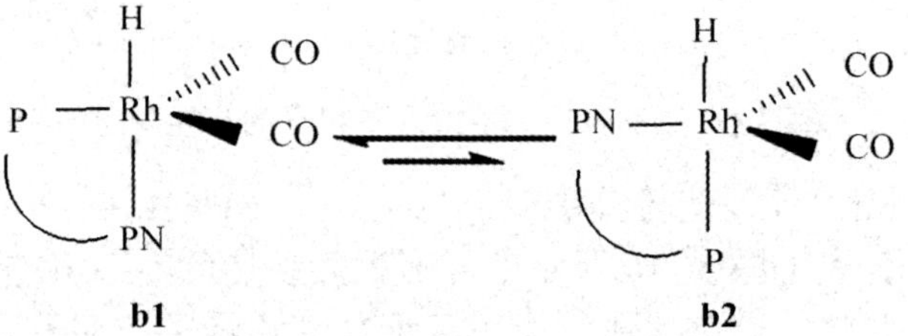

(b)

图 6-19　(*R*，*S*)-YanPhos 手性膦配体结构式及铑与膦结合形成的两个异构体
(a)(*R*，*S*)-YanPhos 手性膦配体结构式；
(b)铑与膦结合形成的两个异构体 b1 和 b2

经过近些年对手性双膦配体的不断研究和探索，诞生了许多优秀的手性双膦配体，这些配体在不对称氢甲酰化反应中均有较为出色的表现，典型的几种手性双膦配体的结构式如图 6-20 所示。限于本书篇幅，此处不再对它们进行详细阐述，有兴趣的读者可参考相关文献资料。

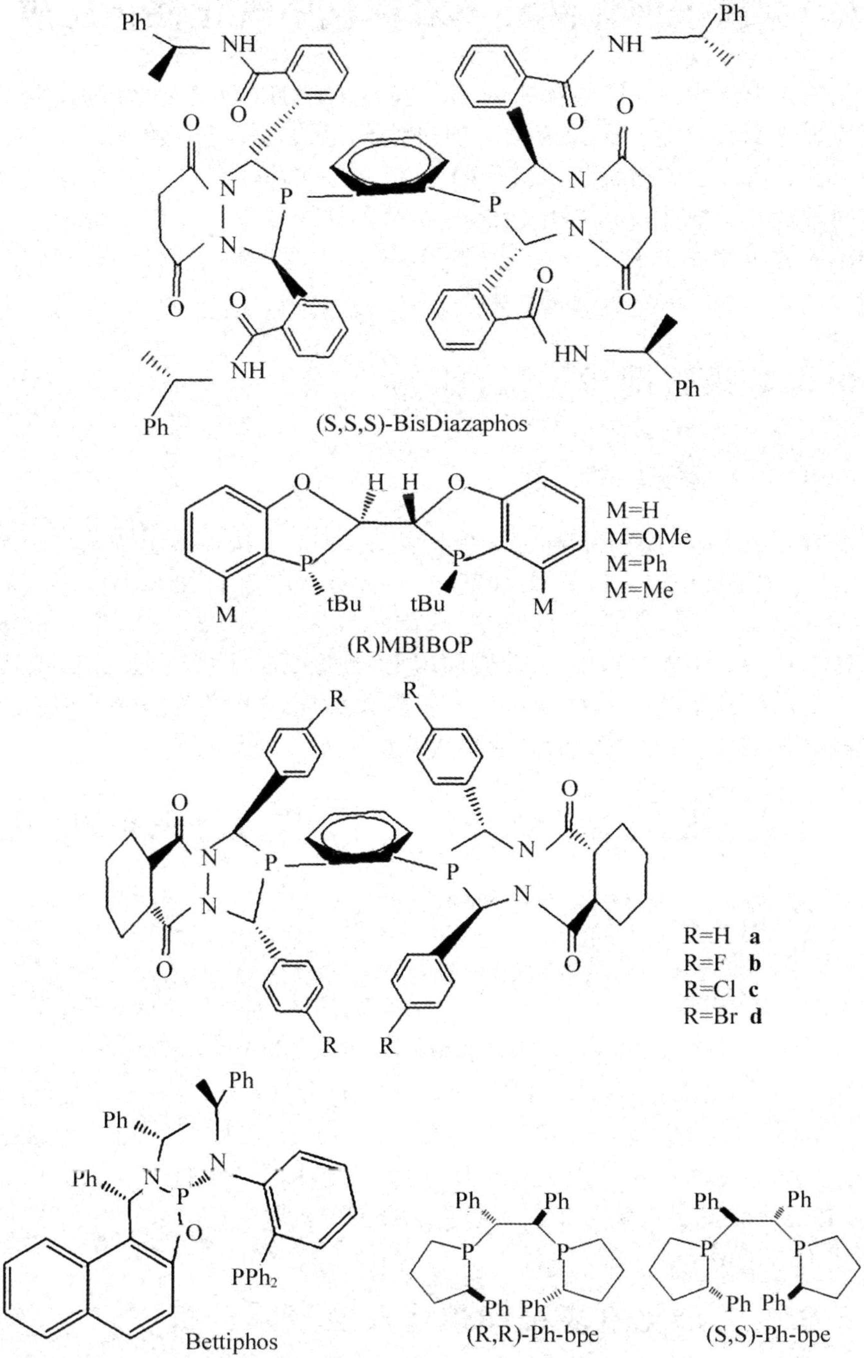

(S,S,S)-BisDiazaphos

M=H
M=OMe
M=Ph
M=Me

(R)MBIBOP

R=H **a**
R=F **b**
R=Cl **c**
R=Br **d**

Bettiphos

(R,R)-Ph-bpe

(S,S)-Ph-bpe

图 6-20　几种典型的手性双膦配体的结构式

# 6.3 离子液体两相不对称氢甲酰化催化反应

相关人士认为，离子液体有时不仅扮演着溶剂的角色，可能还兼具催化反应促进剂的功能。研究表明，通过优化金属前驱体、溶剂、压力、温度等条件，可改善不对称氢甲酰化的 ee 值。基于离子液体和铑膦配合物的结构对烯烃氢甲酰化反应催化性能的影响和规律，本节主要是对离子液体两相不对称氢甲酰化催化反应进行综合论述，并考察溶剂体系、膦铑比、温度、压力、时间等对反应的影响等。

## 6.3.1 实验部分

### 6.3.1.1 原料与试剂

所有合成实验均采用高纯氩气保护并在 Schlenk 操作线上完成。市售的 (*R*) - BINAP(Aldrich) 和其他试剂未经说明，均为直接使用。从 (*R*) - BINAP 出发制备水溶性磺酸钠盐配体 (*R*) - BINAPS，采用离子液体 [BMIM] $BF_4$ 和 [BMIM] $PF_6$ 为介质(使用前须经真空干燥处理)，实现其 Rh 配合物对乙酸乙烯酯的两相不对称氢甲酰化反应。水溶性 (*R*) - BINAP 磺酸钠盐配体 (*R*) - BINAPS 的合成反应式如图 6-21 所示。

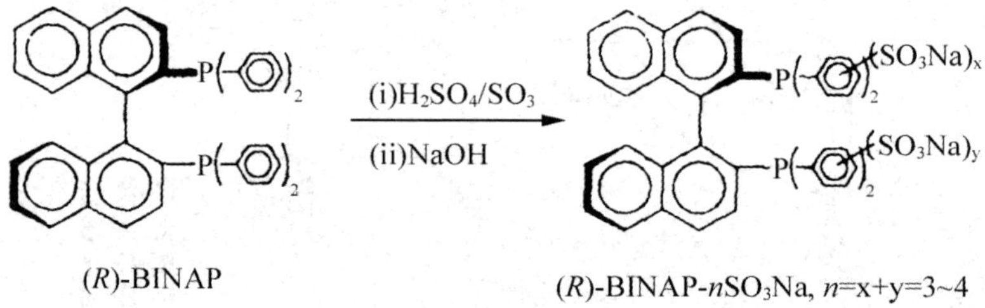

(i)$H_2SO_4/SO_3$ (ii)NaOH

(*R*)-BINAP　　(*R*)-BINAP-$n$$SO_3$Na, $n$=x+y=3~4

图 6-21　水溶性手性双齿膦配体 (*R*) - BINAPS 的合成

$^{31}P^1H$ - NMR($D_2O$) 与 $^1H$ - NMR($D_2O$) 之比为：6.69 ~ 6.85(m, 4H)，6.98 ~ 7.25(m, 18H)，7.54 ~ 7.61(d, 2H)，7.83 ~ 7.85(d, 2H)，8.66 ~ 8.68(d, 2H)；元素分析测得 S/P：Na/P：C/Na = 1.8：1.8：12.2。因此，产物分子式可写为 (*R*) - BINAP - $n$ $SO_3$Na ($n$ = 3 ~4)，简写成 (*R*) - BINAPS 。

### 6.3.1.2 催化剂表征和催化反应产物分析

NMR 谱测定在 Brucker AVANCE 400 MHz 核磁共振谱仪上进行，于室温

条件下录谱，$^{1}H$ - NMR 的化学位移以 DSS(4，4-甲基-4-硅代磺酸钠)为内标，$^{31}P^{1}H$ - NMR 化学位移以 85%磷酸作外标。

不对称氢甲酰反应在 60 mL 不锈钢高压反应釜中进行，具体操作如下：

(1)在反应釜中放入磁子，加入定量的 $Rh(acac)(CO)_2$、配体、离子液体、烯烃和溶剂(若需要)后封釜。

(2)用 $CO/H_2$ = 1/1(molar ratio)的合成气置换 3 次以排净空气。

(3)充压至所需反应压力，控制电磁搅拌速度。

(4)升温至设定反应温度进行反应，反应结束后用冰浴降温、释压。

(5)油相组成未经衍生化，直接由装配 FD 检测器的手性毛细色谱分析(仪器为 GC122A)，色谱柱为 Supelco β -Dex-225(30 m × 0.25 mm × 0.25 μm)，进样器 493 K，检测器 513 K。

(6)程序升温。初始温度 373 K，初始时间 5 min，升温速率 4 K/min，终止温度 433 K，终止时间 10 min。

(7)用 CDMC-21 色谱工作站收集数据，转化率和选择性用修正面积归一化法计算。

### 6.3.2 实验结果分析

#### 6.3.2.1 配体的影响

以 $Rh(acac)(CO)_2$ 为前驱体，配体对乙酸乙烯酯不对称氢甲酰化反应的影响详见表 6-1。

表 6-1　配体对乙酸乙烯酯不对称氢甲酰化反应的影响

| 序号 | 配体 | 溶剂体系 | | 温度/℃ | 转换率/% | ee/% | iso/% | 阶段 |
|---|---|---|---|---|---|---|---|---|
| | | 甲苯 mL | $[BMIM]BF_4$/mL | | | | | |
| 1 | BINAP[a)] | 0 | 2 | 24 | 41.6 | 43.3 | 99.6 | 1 |
| 2 | BINAP[a)] | 5 | 0 | 24 | 18.9 | 55.9 | 93.0 | 1 |
| 3 | BINAP[a)] | 2 | 2 | 24 | 38.3 | 54.0 | 97.8 | 2 |
| 4 | BINAP[a)] | 1 | 2 | 24 | 48.2 | 55.7 | 99.5 | 2 |
| 5 | BINAPS[a)] | 2 | 2 mL $H_2O$ | 24 | 1.1 | 50.3 | 99.8 | 2 |
| 6 | BINAPS[a)] | 0 | 2 | 24 | 22.4 | 59.8 | 99.8 | 2 |

续表

| 序号 | 配体 | 溶剂体系 | | 温度/℃ | 转换率/% | ee/% | iso/% | 阶段 |
|---|---|---|---|---|---|---|---|---|
| | | 甲苯 mL | [BMIM] $BF_4$ /mL | | | | | |
| 7 | BINAPS[a)] | 2 | 1 | 24 | 8.2 | 53.8 | 99.6 | 2 |
| 8 | BINAPS[a)] | 2 | 2 | 24 | 13.6 | 53.5 | 99.7 | 2 |
| 9 | BINAPS[a)] | 1 | 2 | 24 | 24.5 | 55.1 | 99.8 | 2 |
| 10 | BINAPS[a)] | 1 | 2 | 48 | 53.2 | 53.6 | 99.8 | 2 |
| 11 | BINAPS[b)] | 1 | 2 | 24 | 28.2 | 55.2 | 99.8 | 2 |
| 12 | BINAPS[b)] | 1 | 2 mL [BMIM] $PF_6$ | 24 | 32.7 | 3.3 | 99.2 | 2 |

反应条件为：Rh(acac)$(CO)_2$ = 0.02 mmol，烯烃/Rh = 300(molar ratio),$CO/H_2$=1(molar ratio)，T=333 K，搅拌速度为800 r/min。a) L/Rh = 3(*molar ratio*)，P($CO/H_2$) = 2.0 MPa。b) L/Rh = 1.5 (molar ratio)，P($CO/H_2$) = 1.0 MPa。

由表6-1可知：

(1)在 [BMIM] $BF_4$ 介质中，(*R*) - BINAP - Rh催化剂体系呈均相，对乙酸乙烯酯不对称氢甲酰化反应产物的ee值略低，但转化率较高(序号1)。当加入适量的甲苯溶剂，ee值显著提高(序号3～4)且转化率基本不变。反应结束后体系呈两相(离子液体下层含催化剂，有机相上层含产物)，可进行分离。

(2)以(*R*) - BINAPS为配体的铑配合物催化剂，在水-有机两相反应体系中虽然产物的ee值和异构醛的选择性较好(分别为50.3%，>99.8%)，但转化率非常低，为1.1%(序号5)。然而，在 [BMIM] $BF_4$ 为介质时，该催化剂可获得59.8%的ee值和22.4%的转化率，异构醛的选择性大于99%(序号6)，其选择性高于对应的均相体系，且转化率可通过延长反应时间得以进一步提高(序号10)，这说明或许离子液体 [BMIM] $BF_4$ 介质有益于改善乙酸乙烯酯不对称氢甲酰化反应的选择性。

①反应结束后，含催化剂的离子液体相与含反应物的有机相可形成离子液体-有机两相体系，并催化剂与产物自动分层，经简单操作即可分离催化剂和产物，从而实现催化剂的循环使用。

②加入适量的甲苯溶剂，将使ee值稍有下降(序号7～9)，但反应物与催化剂层的相分离更加彻底，能有效减少催化剂流失，更加有利于考察催

化剂循环使用情况的研究。

③采用较低的合成气压力，反应转化率略有增加，但不影响 ee 值。

(3) 以 [BMIM] $PF_6$ 为介质时，产物的 ee 值很低(序号 12)，其原因可能和该离子液体与亲水性的 BINAPS 不大相容有关。

#### 6.3.2.2 压力的影响

表 6-2 所示为 (*R*) - BINAPS - Rh 催化剂于 1.0 ~ 4.0 MPa 的条件下，在 [BMIM] $BF_4$-甲苯介质中催化乙酸乙烯酯不对称氢甲酰化反应的影响。

**表 6-2　压力对乙酸乙烯酯不对称氢甲酰化反应的影响**

| 序号 | 压强/MPa | 转换率/% | ee/% | iso/% |
| --- | --- | --- | --- | --- |
| 1 | 1.0 | 27.9 | 54.1 | 99.8 |
| 2 | 2.0 | 24.5 | 55.1 | 99.8 |
| 3 | 3.0 | 13.5 | 52.4 | 99.0 |
| 4 | 4.0 | 8.0 | 52.1 | 99.1 |

反应条件为：Rh(acac) $(CO)_2$ = 0.02 mmol，烯烃/Rh = 300(摩尔比)，L[(*R*) - BINAPS]/Rh = 3(摩尔比)，[BMIM] $BF_4$ = 2 mL，甲苯=1 mL，CO/$H_2$ = 1(摩尔比)，温度为 333 K，时间为 24 h，搅拌速度为 800 r/min。

可以看出，随着压力从 1.0 MPa 增大到 4.0 MPa，产物的 ee 值和异构醛的选择性基本保持不变，但转化率呈下降趋势。合成气压力升高，CO 分压相应升高，进而更多地与铑配位，造成反应转化率下降。随着合成气压力变化，产物 ee 值和 iso 值基本保持不变的实验结果说明，在反应条件下，尽管可能因 CO 分压变化而产生若干不同结构的活性物种，但双膦配体与铑的配位作用却相对比较稳定。

#### 6.3.2.3 膦铑比的影响

表 6-3 所示为以 (*R*) - BINAPS 为配体的 Rh 催化剂随膦铑比变化对乙酸乙烯酯不对称氢甲酰化反应的影响。

表 6-3　L/Rh 比对乙酸乙烯酯不对称氢甲酰化反应的影响

| 序号 | L[(*R*) - BINAPS]/Rh（摩尔比） | 转换率/% | ee/% | iso/% |
|---|---|---|---|---|
| 1 | 3.0 | 27.9 | 54.1 | 99.8 |
| 2 | 2.0 | 25.8 | 55.6 | 99.8 |
| 3 | 1.5 | 28.2 | 55.2 | 99.8 |
| 4 | 1.0 | 15.5 | 19.5 | 98.8 |
| 5 | 0.5 | 54.8 | 0.7 | 99.3 |

由表 6-3 可以看出：

（1）当 L/Rh 比低于 1.0 时，产物的 ee 值低于 20%，这可能与铑未能完全和手性双齿膦配位有关。

（2）当 L/Rh 比高于 1.5 时，产物的 ee 值趋于稳定，但过高的 L/Rh 比将不利于反应转化率的提高，这与非离子液体体系的不对称氢甲酰化结果相似。

### 6.3.2.4 反应温度的影响

反应温度对乙酸乙烯酯不对称氢甲酰化反应的影响见表 6-4。

表 6-4　温度对乙酸乙烯酯不对称氢甲酰化反应的影响

| 序号 | 温度/K | 转换率/% | ee/% | iso/% |
|---|---|---|---|---|
| 1 | 313 | 2.8 | 49.6 | 99.8 |
| 2 | 333 | 28.2 | 55.2 | 99.8 |
| 3 | 353 | 44.7 | 27.9 | 99.8 |
| 4 | 373 | 43.9 | 24.6 | 98.6 |

在 [BMIM] $BF_4$-甲苯介质中，(*R*) - BINAPS - Rh 催化剂对乙酸乙烯酯不对称氢甲酰化反应的转化率随着反应温度的升高而呈上升趋势。但异构醛的选择性变化不大，而产物的 ee 值却呈先升后降的变化趋势，并以333 K 时的 ee 值最高。

### 6.3.2.5 循环使用结果

在前面的内容中我们已经知道，在 [BMIM] $BF_4$ - 甲苯介质中，反应结束后，水溶性 (*R*) - BINAPS 和油溶性 (*R*) - BINAP 与铑组成的配合物可在乙酸乙烯酯不对称氢甲酰化反应中，实现催化剂层和反应物层的相分离，从而使研究催化剂的循环使用情况成为可能。图 6-22 示出了 (*R*) - BINAP - 铑配合物催化乙酸乙烯酯不对称氢甲酰化反应的循环使用结果，图 6-23 示出了 (*R*) - BINAPS - 铑配合物催化乙酸乙烯酯不对称氢甲酰化反应的循环使用结果。

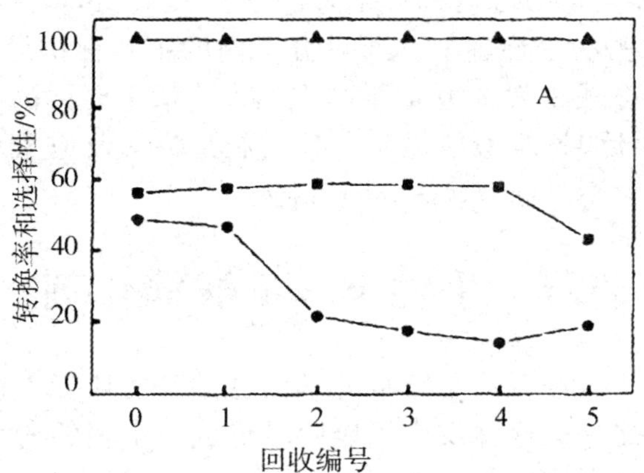


图 6-22　(*R*) - BINAP - 铑配合物催化乙酸乙烯酯不对称氢甲酰化反应的循环使用结果

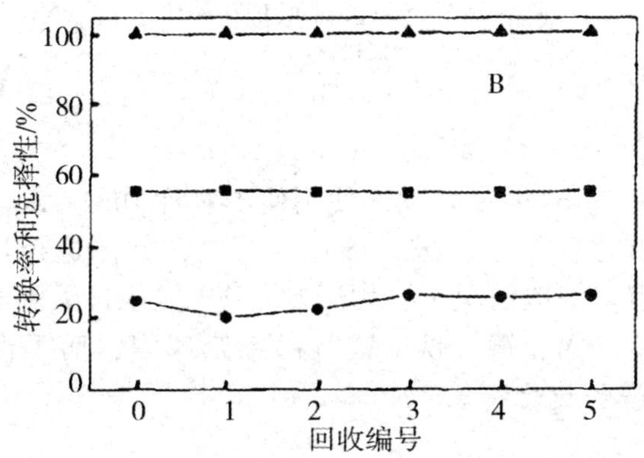


图 6-23 (*R*) - BINAPS - 铑配合物催化乙酸乙烯酯不对称氢甲酰化反应的循环使用结果

在图 6-22 和图 6-23 中，(■) 为 ee 值；(▲) 为异构醛选择性；(●) 为反应转化率。反应条件为 $P(CO/H_2)$ = 2.0 MPa，其他同表 6-2。

图 6-22 示出，(*R*) - BINAP - 铑配合物催化剂在前 5 次使用中，转化率呈下降趋势，在第 6 次使用时，ee 值也开始下降(前 5 次使用中，ee 值变化较小)。而从图 6-23 中可知，(*R*) - BINAPS - 铑配合物催化剂在 6 次重复使用过程中，产物的 ee 值和异构醛选择性以及反应转化率均未发生明显变化，可知其催化性能比较稳定。

# 第 7 章　不对称 Diels-Alder 反应

不对称 Dials-Alder 反应(简称不对称 D-A 反应)最早是在亲二烯体分子中引入一个可除去的手性辅基，通过分子内的不对称诱导作用而实现的，其在天然产物的合成中发挥着重要的作用。本章主要讨论了不对称 Diels-Alder 反应中的手性 Lewis 酸催化剂、不对称杂 D-A 反应以及季戊四醇支载手性咪唑啉酮催化不对称 Diels-Alder 反应。

## 7.1　手性 Lewis 酸催化剂

不对称 Dials-Alder 反应是合成光学活性的环已烯衍生物及六元杂环体系最重要的方法之一。这种反应可以同时形成 4 个相邻的手性中心，因此是构建复杂分子最有效的方法之一。

*R1　*R2　手性Lewis酸催化剂　不对称D－A反应　*R1　*R2　O

二烯体　亲双烯体

近年来，手性 Lewis 酸催化剂的使用使不对称 Dids-Alder 反应获得了巨大的发展。这种催化剂易于合成，催化效率高，立体选择性好，是目前这一领域的研究热点。一般情况下，用于制备手性 Lewis 酸配合物催化剂的中心金属包括硼、钛、铝、铜、铁、镁及镧系金属等，而手性配体常用的是具有 $C_2$对称的二醇类化合物。

### 7.1.1 手性硼催化剂

三价硼化合物是典型的 Lewis 酸。这类催化剂中目前应用较为广泛的是 H. Yamamoto 引入的手性酰氧基硼烷(Chiral Acyloxy Borane，CAB)催化剂 **1**。该催化剂可由其相应的手性羟基酸配体与硼烷于反应时原位产生，在催化环戊二烯 **2** 与丙烯醛的不对称 D-A 反应中可以获得较高的对映选择性。

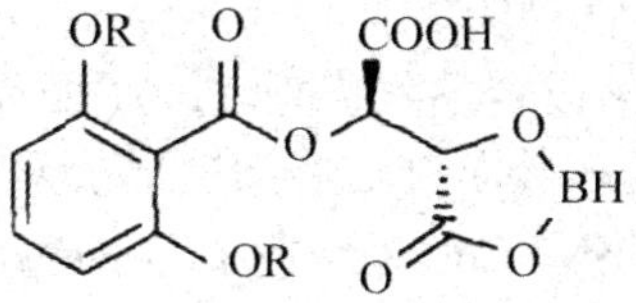

1a R=Me
1b R=$^{i}$Pr

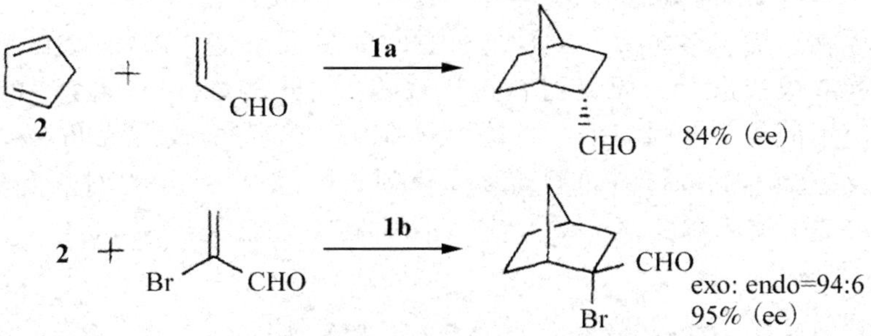

1a

2

84% (ee)

1b

exo: endo=94:6
95% (ee)

图中“exo”和“endo”是描述桥环化合物上(不在桥头上)的取代基的相对构型的前缀。当不含取代基的二个桥具有不相等的长度时，前缀“endo”指比较靠近这两个未取代的桥中比较长的那个桥的取代基，意指环内；而前缀“exo”则指明更靠近比较短的桥的取代基，也称为环外。

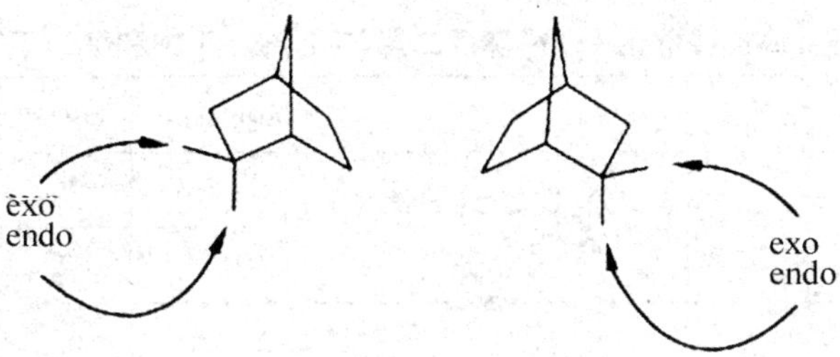

除羟基酸外，手性 α - 氨基酸也是适用的配体。这类配体可以与硼烷原位生成噁唑硼烷酮类化合物从而催化不对称 D-A 反应的进行。图 7-1 所示为两种典型的由氨基酸衍生的噁唑硼烷酮催化剂。

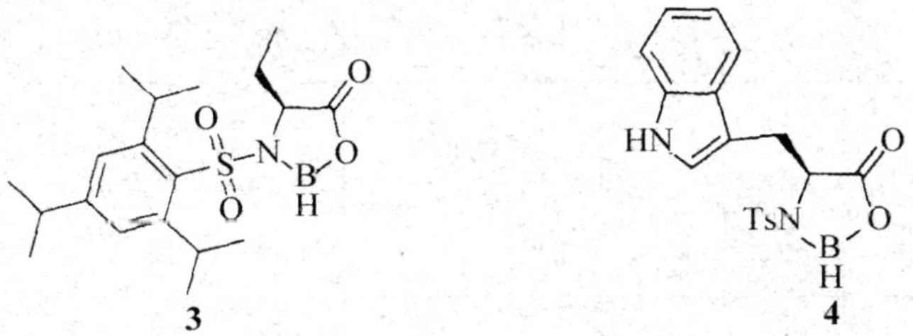

图 7-1　两种典型的由氨基酸衍生的噁唑硼烷酮催化剂 **3** 和 **4**

其中，**4** 在 - 78 ℃下催化 **2** 与 α - 取代丙烯醛的反应可以获得很好的对映选择性，但催化未取代的丙烯醛的反应却不能取得好的结果。高选择性的取得被认为是色氨酸芳环与底物的选择性 π - π 面相互作用的结果。

大多数手性 Lewis 酸催化剂仅适合活性共轭二烯(如环戊二烯)的环加成反应。但对于一些低活性的二烯底物如 1, 3-丁二烯及 1, 3-环己二烯等，很多催化剂的催化效果却不甚理想。Corey 等报道了两种手性硼催化剂 **5** 和 **6**。其中，中性的手性硼试剂 **5**(实际上是与 **5′**的混合物)在 $CH_2Cl_2$ 溶剂中可以催化环戊二烯与多种 α，β 不饱和醛的环加成反应，即使是在 - 94 ℃下反应也能够很快进行，而且对映选择性很好(见表 7-1)；但在-94 ℃或-78 ℃下使用催化剂 **5** 时，低活性的 1,3-环己二烯和异戊二烯与 2-溴丙烯醛之间的反应却不能进行。而阳离子催化剂 **6** 可以在 - 94 ℃时顺利催化低活性二烯与 2 - 溴丙烯醛之间的反应，不但能有较高的产率，而且对映选择性也很好(见表 7-2)。

**5**　**5′**　**6**

$\cdot B[C_6H_3\text{-}3,5\text{-}(CF_3)_2]_4^-$

**表 7-1　阳离子 Lewis 酸催化 1，3-环戊二烯与 α，β -不饱和醛的不对称 D-A 反应**

| 亲二烯体 | 催化剂 | 产物 | *exo/endo* | ee/% | 产率/% |
|---|---|---|---|---|---|
| 2-溴丙烯醛 | **5** | | 94 : 6 | 95 | 79 |
| | **6** | | 91 : 9 | 98 | 79 |
| 2-甲基丙烯醛 | **5** | | 88 : 12 | 90 | 99 |
| | **6** | | 89 : 11 | 87 | 98 |
| 2-溴-2-丁烯醛 | **5** | | >98 : 2 | 91 | 99 |
| | **6** | | >98 : 2 | 96 | 99 |
| 2-甲基-2-丁烯醛 | **5** | | >98 : 2 | 89 | 86 |
| | **6** | | >98 : 2 | 89 | 97 |
| 1-环己烯甲醛 | **5** | | >98 : 2 | 96 | 99 |
| | **6** | | >98 : 2 | 82 | 97 |

**表 7-2　四芳基硼阳离子 6 催化的 1，3-二烯烃与 2-溴丙烯醛的不对称 D-A 反应**

| 二烯 | 条件/℃，h | 产物 | 产率/% | ee/%（构型） |
|---|---|---|---|---|
|   | -94，1 | 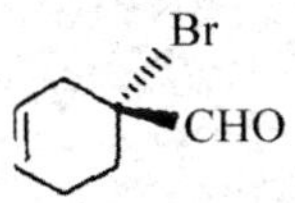 Br CHO | 99 | 94(*R*) |
| 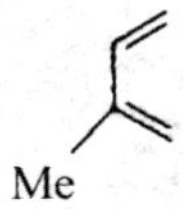 Me | -94，1 | 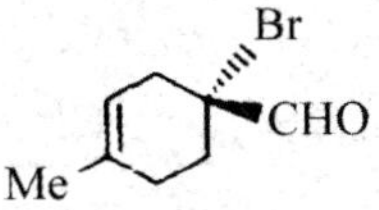 Br CHO Me | 99 | 98(*R*) |
|   | -94，2 | 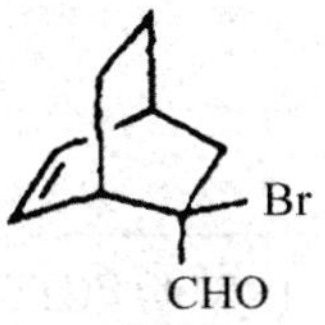 Br CHO | 99<br>exo/endo = 4 : 96 | 93(2*R*) |
|   | -94，0.5 | 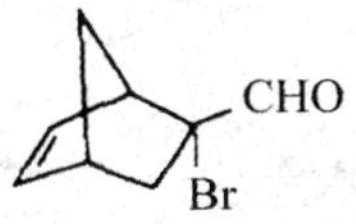 CHO Br | 99<br>exo/endo = 91 : 9 | 98(2*R*) |

阳离子手性硼催化剂 **6** 是很强的 Lewis 酸。这种催化剂的使用，有效拓宽了对映选择的 D-A 反应的范围。催化剂 **6** 的高选择性可用过渡态 **7** 解释。亲二烯体首先以 *s*-反式与催化剂螯合，N - $CH_2Ar$ 取代基限制了二烯的进攻途径，使它只能从亲二烯体位阻较小的一面进攻。

联萘酚 **8** 与 $BH_3$、$H_2BBr$ 或 $B(OPh)_3$ 原位生成的催化剂可以诱导萘醌 **9** 与二烯、环戊二烯与甲基丙烯醛以及芳基亚胺与 Danishefsky 二烯［1-甲氧基-3-(三甲基硅氧基)-1，3-丁二烯］**10** 之间的不对称 D-A 反应。反应都是在-78 ℃下进行，均能取得较好的化学产率和对映选择性。

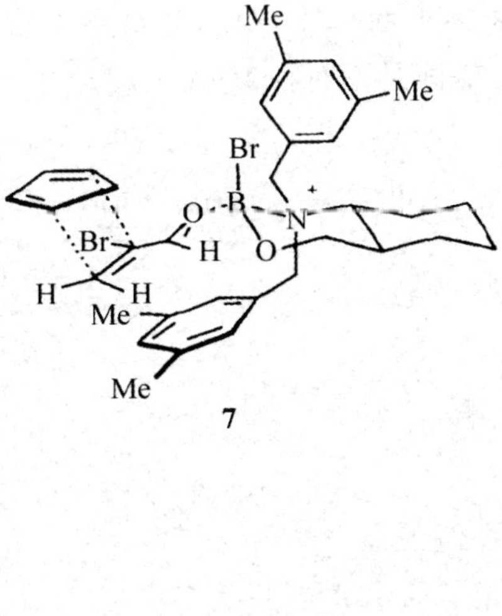

Me Me Br B O N⁺ O Br H H H Me Me

**7**

HO HO R

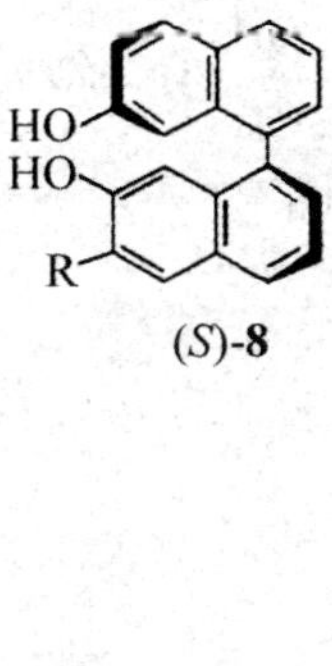

(*S*)-**8**

68%

$8 + BH_3$

9

R=H, R′=OAc; R=Me, R′=$OSiMe_3$

90%~98% (ee)

85%

$8 + H_2BBr$

80%~90% (ee)

68%~89%

1)(R)-8+$B(OPh)_3$

2)$CF_3COOH$

10

82%~90% (ee)

R=H, Me　Ar=Ph, 3-吡啶基, 3,5-$(MeO)_2C_6H_3$,2-NP

## 7.1.2 手性钛催化剂

K. Narasaka 使用手性酒石酸衍生的 TADDOL 类似物作为手性配体，与二氯二异丙氧基钛配合得到手性钛催化剂 **11**，这是目前催化不对称 D-A 反应使用最为广泛的钛催化剂。**11** 可以有效地催化噁唑啉酮类底物 **12** 与二烯的不对称 D-A 反应，ee 值可达 90%以上。这类催化剂还可以有效地催化与不对称 D-A 反应类似的不对称［2+2］环加成反应。在催化烷硫基烯烃与 **12**a( R═COOMe )的环加成反应中，产物的产率和 ee 值均可达 98%以上。利用 **11** 还可成功制备高度氧化的倍半萜(+)-穿心莲组培内酯 A［(+)-paniculide A，**13**］。其中第一步反应即是不对称 D-A 反应。

$\cdot TiCl_2(O^iPr)_2$　2 +

100 mmol/mol**11**

11　　12

84% (de)

91% (ee)

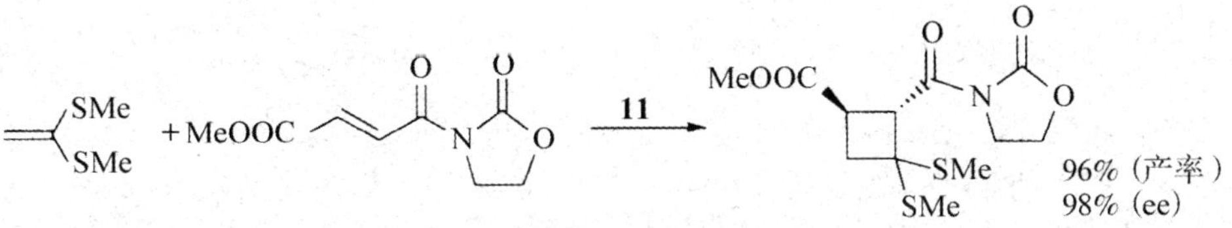


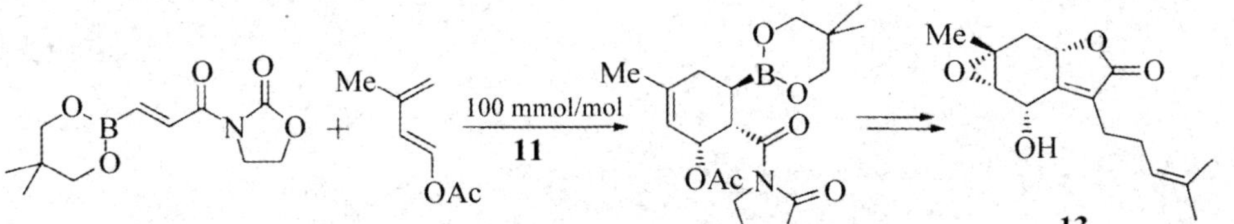


13

Tietze 和 Saling 报道的手性钛络合物催化剂是由 $TiCl_4$、$i$ - PrOH 和葡萄糖二缩丙酮 **14** 原位形成的。它催化分子内杂-D-A 反应，对映选择性随着芳香环上取代基的不同而变化(图 7-2)。这些由手性醇或二醇衍生的烃氧基钛作为 D-A 反应的催化剂是很有意义的，尤其是用联萘酚或取代联萘酚 **18**( R = H ，Ph)的结果最好。**18**( R = Ph )的甲硅烷基醚与 $TiCl_4$ 作用形成的催化剂诱导环戊二烯与 **19** 的衍生物之间的环加成反应于 - 78 ℃下进行，对映选择性高达 96%～98%(ee)。然而，**18**( R = H )的钛络合物催化的甲基丙烯醛或丙烯酸甲酯与环戊二烯之间的环加成反应选择性一般。

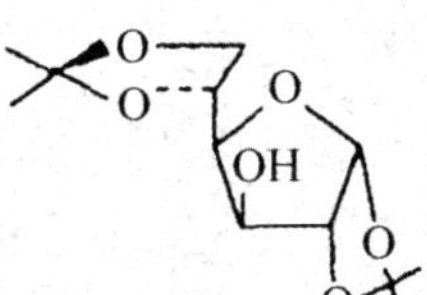

14

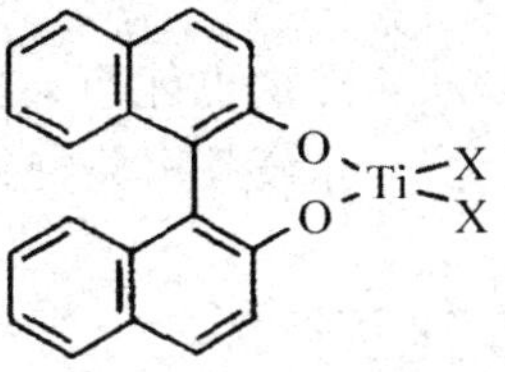

X=Cl, Br

15

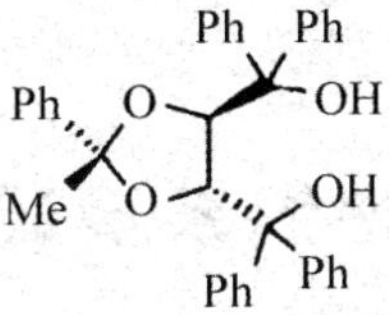


16

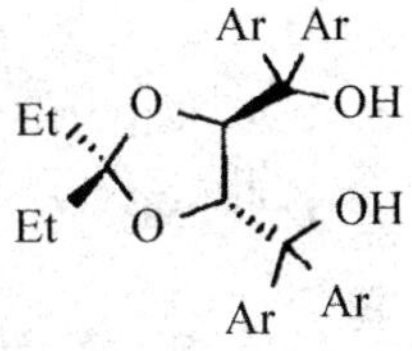


Ar=2,5-$Me_2C_6H_3$

17

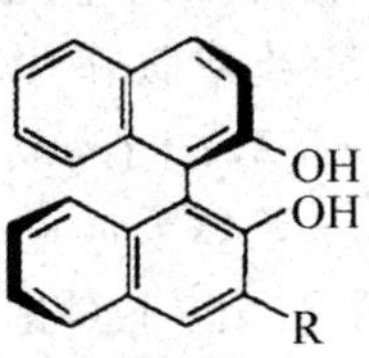


(*R*) 18

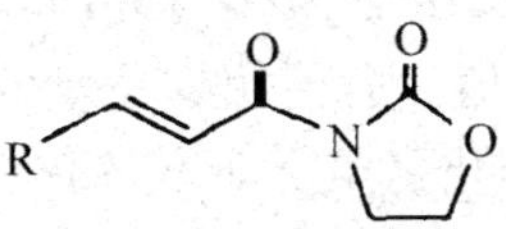


19

Mikami 等报道了在分子筛的存在下以(*R*)-联萘酚 **18**( R = H )和($i$ - PrO)$_2$ $TiX_2$(X=Cl，Br)为原料制备的催化剂 **15** 在 0 ℃下不对称诱导二烯 **20** 与甲基丙烯醛或 **21** 与萘醌之间的环加成反应，其区域、立体和对映选择性都很好(图 7-2)。但是，**20** 与萘醌或 **21** 与甲基丙烯酸之间的反应选择性一般。

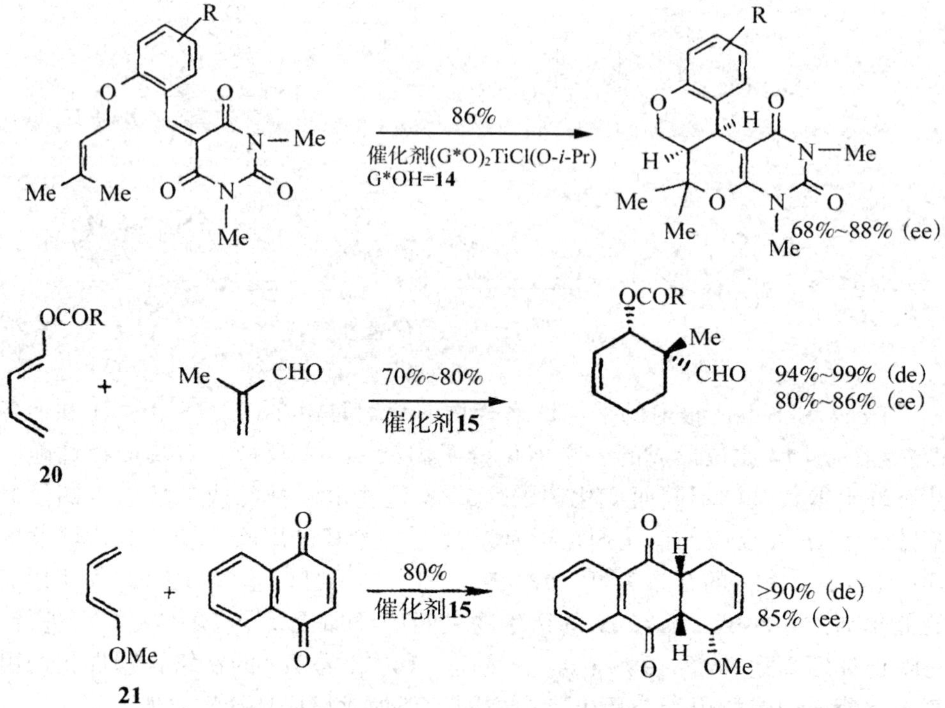

86%
催化剂$(G^*O)_2TiCl(O\text{-}i\text{-}Pr)$
$G^*OH$=**14**
68%~88% (ee)

70%~80%
催化剂**15**
**20**
94%~99% (de)
80%~86% (ee)

80%
催化剂**15**
**21**
>90% (de)
85% (ee)

图 7-2 手性二醇-Ti 络合物催化的不对称 D-A 反应

此外，用手性醇或二醇与钛形成的络合物也能有效催化不对称 D-A 反应，此处不再一一列举，有兴趣的读者，可参考相关资料文献。

## 7.1.3 手性镧系金属催化剂

手性镧系金属催化剂在不对称 D-A 反应中有较多的应用，其中镱配合物是比较常用的催化剂。三氟甲磺酸镱与联萘酚及叔胺作用可以形成手性配合物 **22**。利用 **22** 催化 **19**b(R═Me)与环戊二烯 **2** 之间的反应可以获得高达 95%的 ee 值。若使用催化量的叔胺如二异丙基乙基胺也可配合联萘酚-$Yb(OTf)_3$ 催化富电子亲双烯体与缺电子的二烯之间的不对称 D-A 反应。

2 + 19 b —22 $CH_2Cl_2$→ 78% (de) 95% (ee)

22

R-BINOL-Yb$(OTf)_3$-$^iPr_2NEt$, $CH_2Cl_2$

91% (产率)
>95% (ee)

当然，手性 Lewis 酸催化剂还有很多类型，如手性镁催化剂、手性铜催化剂、手性铝催化剂、手性锌催化剂、手性铁催化剂以及手性铕催化剂等。限于本书篇幅，此处不再进行详细介绍。

## 7.2　不对称杂 D–A 反应

在不对称 D–A 反应中，参与成环(不对称 D–A 反应实质上是一个成环反应)的除碳原子外，其他原子如氮、氧等也可以参与，从而生成杂环产物。杂 D–A 反应主要包括氧杂 D–A 反应和氮杂 D–A 反应两种，因此，本节主要就这两种杂 D–A 反应进行讨论，具体如下。

### 7.2.1 氧杂 D–A 反应

参与氧杂 D–A 反应的亲双烯底物一般为醛，双烯底物则为 α，β – 不饱和羰基化合物等。对于参与氧杂 D–A 反应的醛类底物，一般需要在羰基上连有吸电子基团，或者反应使用 Lewis 酸进行催化，其目的是为了增加羰基的亲双烯活性。以醛为底物与 Danishefsky 二烯 **23** 反应已经成为制备糖类衍生物的重要方法。目前用于手性氧杂 D–A 反应催化剂的手性配体主要是 BINOL、Salen 以及双噁唑啉化合物。

利用 BINOL–铝催化剂 **24** 催化醛与 Danishefsky 双烯的氧杂 D–A 反应，可以获得很好的对映选择性。**24** 催化二烯 **23a** 与苯甲醛的反应主要生成顺式的六元环产物，ee 值可达 95%。

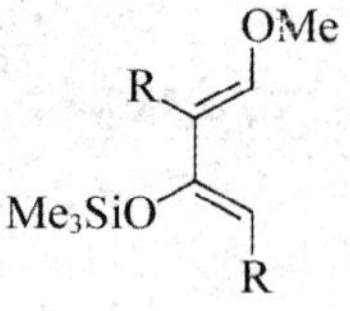

23

Danishefsky二烯

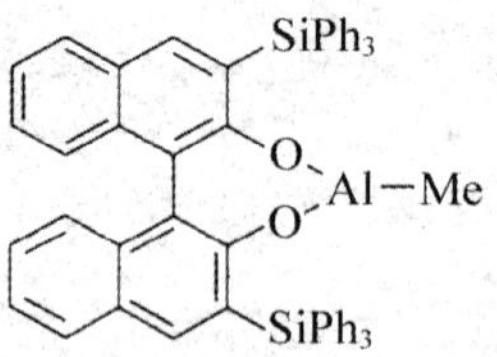

24

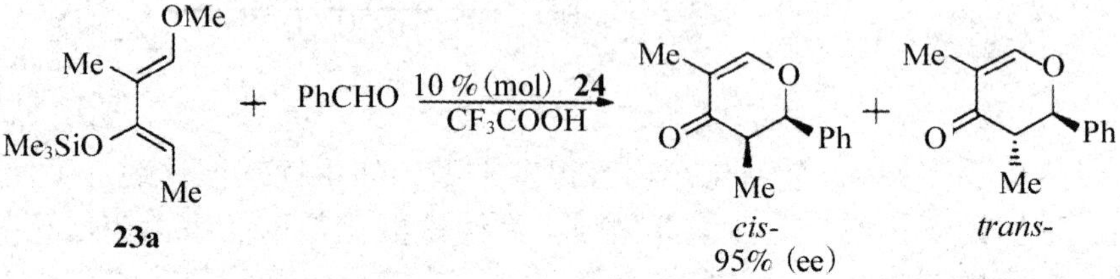


Salen-铬(Ⅲ)配合物 **25** 可用于催化 Danishefsky 二烯 **23b** 与各种醛的氧杂 D-A 反应，产物能取得较高的 ee 值(最高可达 99%)。Salen 的钴配合物 **26** 催化乙醛酸乙酯的反应的 ee 值为 52%。

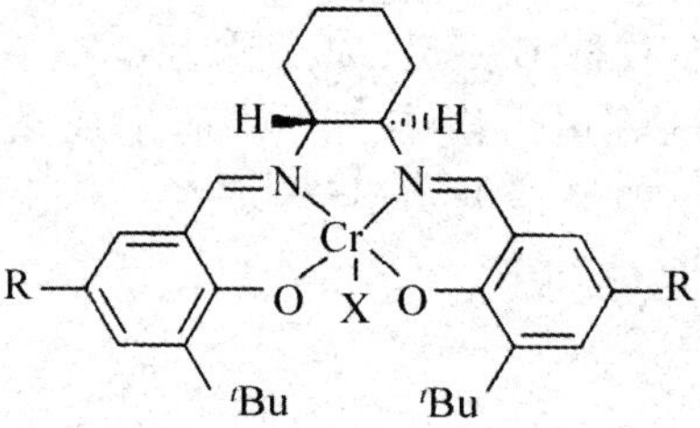

25

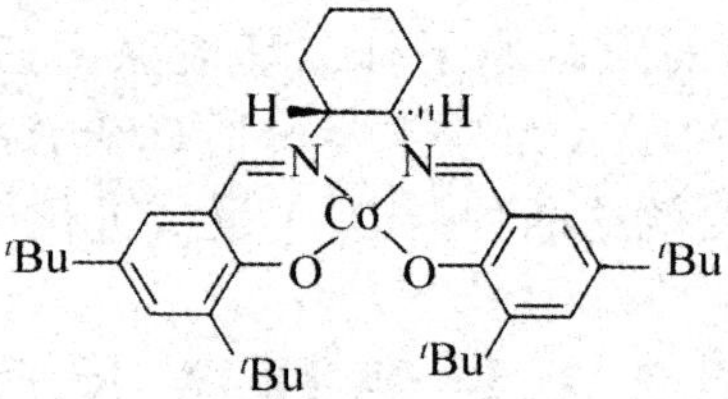

26

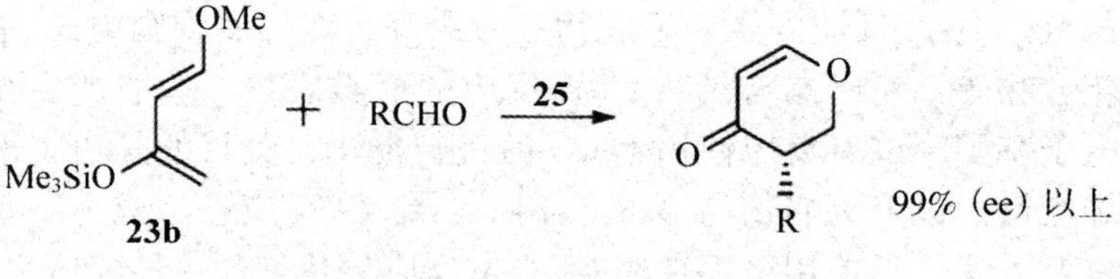


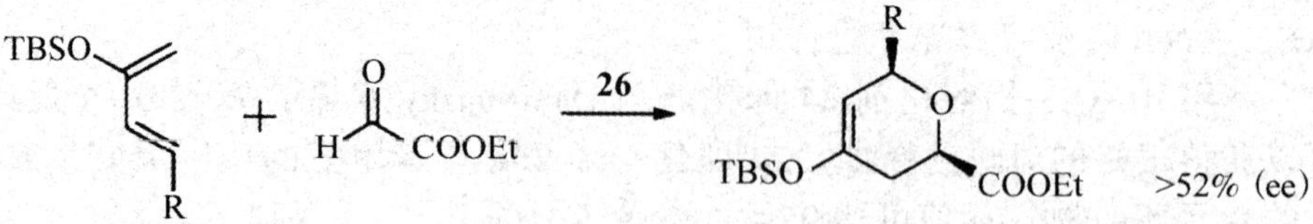


## 7.2.2 氮杂 D-A 反应

参与氮杂 D-A 反应的亲双烯底物一般为含 C═N 双键的亚胺类化合

物。通过不对称氮杂 D-A 反应可以合成光学活性的哌啶或四氢喹啉等有用的有机合成中间体。同氧杂不对称 D-A 反应类似，Danishefsky 二烯也适合于氮杂不对称 D-A 反应，亲双烯底物则是由具 C═N 双键的亚胺类化合物代替醛。手性 BINOL 仍然是常用的手性配体，如手性硼化合物 **27** 在催化 Danishefsky 二烯与亚胺的不对称氮杂 D-A 反应中表现出了优异的不对称催化效果，ee 值可达 90%以上。

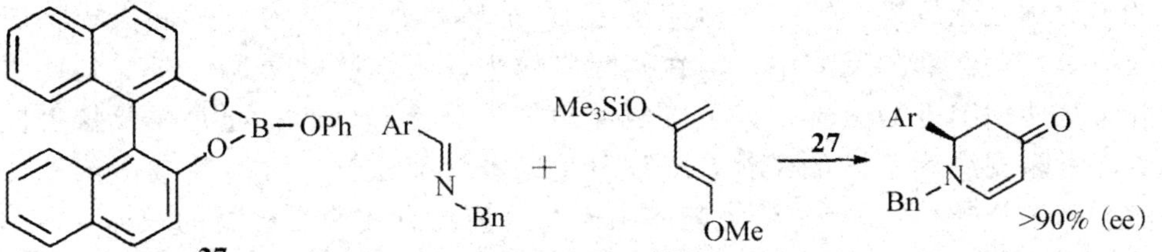

**27**　**23b**　>90% (ee)

双噁唑啉类配体 **28** 具有 $C_2$对称性，是一类可由手性氨基酸为原料合成的、广泛应用于不对称催化反应的手性配体。与手性 BINOL 配体相比，在催化 Danishefsky 二烯与亚胺的不对称氮杂 D-A 反应中，手性双噁唑啉配体的表现差强人意，ee 值不到 20%。而如果运用氮杂的 Danishefsky 二烯作为二烯体，用噁唑啉酮类底物 **12** 作亲双烯体则可顺利地进行反应。反应具有较高的非对映选择性和对映选择性，ee 值最高可达 98%。其主要原因被认为是铜-双噁唑啉催化剂可以高选择性地与亲双烯底物 **12** 发生作用，有效地提高了它的活性。

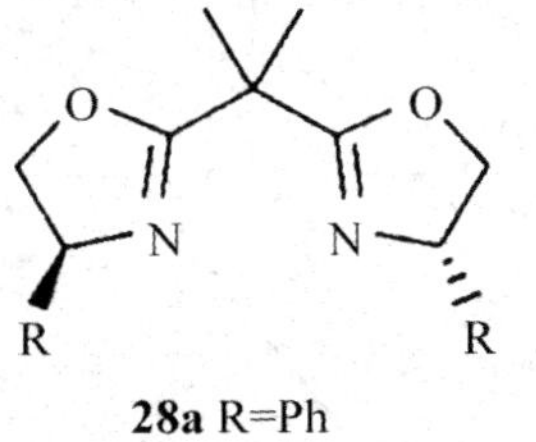

**28a** R=Ph
**28b** R=$^t$Bu

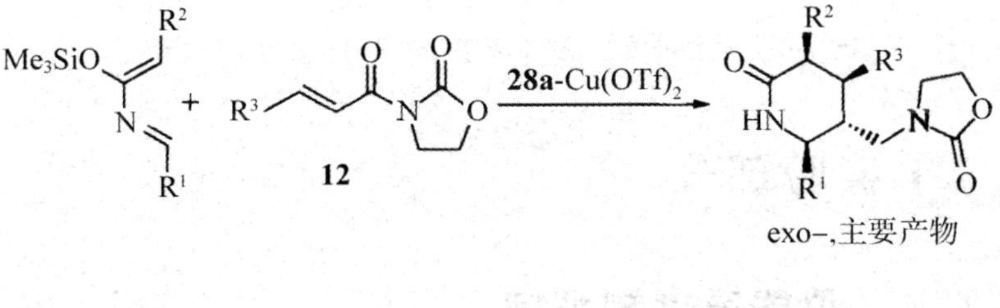

**12**　**28a**-Cu(OTf)$_2$

exo-,主要产物

## 7.3 季戊四醇支载手性咪唑啉酮催化不对称 Diels-Alder 反应

作为一种十分重要的手性有机小分子催化剂，手性咪唑啉酮具有良好的不对称催化效果，被广泛地应用于 D-A 环加成反应、1，3-偶极环加成反应等不对称催化反应中。但在实际应用中，手性咪唑啉酮一直受到回收和重复使用困难的限制。为了方便催化剂的分离和回收，通常需要将手性咪唑啉酮支载到不同的载体(如不溶性载体聚苯乙烯，可溶性载体聚乙二醇、季鏻盐等)上。而与传统载体相比，一种具有较大支载量的载体——季戊四醇成为十分理想的可溶性催化剂载体。如图 7-3 所示，本节主要是通过 CuAAC 反应将手性咪唑啉酮支载到季戊四醇上，以得到季戊四醇支载咪唑啉酮手性催化剂Ⅰ，并对该催化剂在不对称 D-A 反应中的不对称均相催化效果进行了研究。

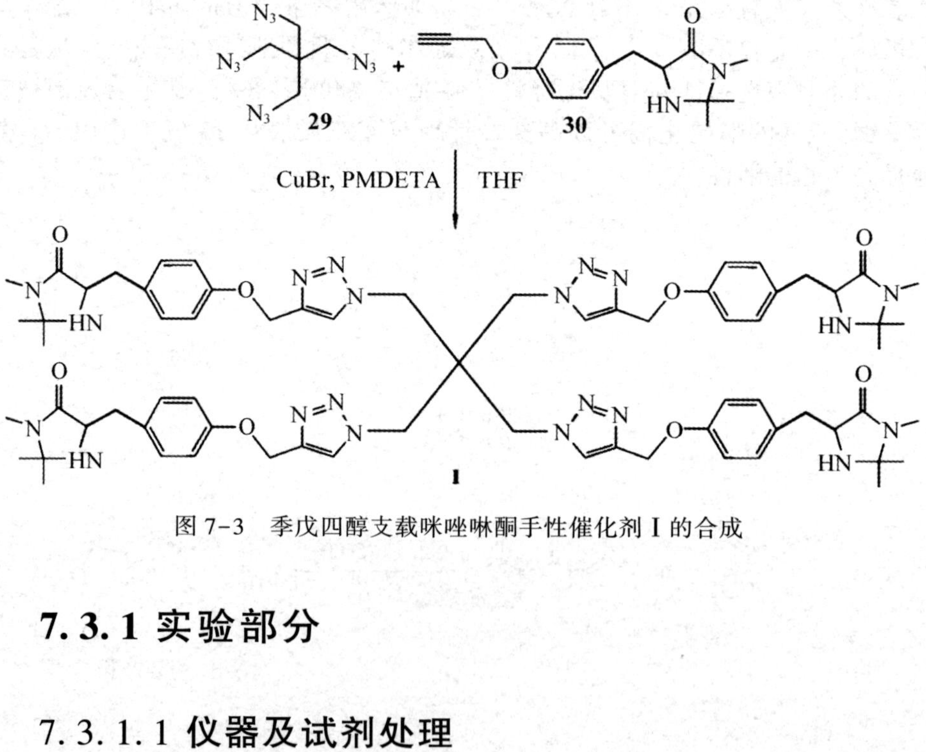

图 7-3　季戊四醇支载咪唑啉酮手性催化剂Ⅰ的合成

### 7.3.1 实验部分

#### 7.3.1.1 仪器及试剂处理

限于实际条件，本实验所用到的仪器主要包括 WRS-IA 数字熔点仪；

核磁共振仪 WIPM 400MHz，DMSO-$d_6$，$CDCl_3$为溶剂，四甲基硅烷(TMS)为内标；高分辨质谱仪 Agilent 1260-6224 LC-MS TOF(ESI 电离源)；高效液相色谱仪 HPLC(UltiMate3000)；检测柱 Chiralcel AD-H，OD-H，OJ-RH，Daicel；PE-Spectrum One 型红外光谱仪，NaCl 单晶片涂片；TLC 紫外灯检测仪，254 nm 和 365 nm 紫外光照射。

试剂处理部分除了反式丁烯醛，甲胺水溶液，对甲苯磺酸等试剂均为 AR(Analytical Reagent)，未经处理直接使用以外，还包括二氯甲烷(AR，五氧化二磷回流处理)、肉桂醛(AR，95%纯度，中国双香助剂厂，加入氢化钙减压蒸馏)、环戊二烯(AR，阿拉丁化学试剂公司，二聚环戊二烯加热到 200 ℃蒸馏)等。

## 7.3.2 实验步骤

### 7.3.2.1 催化剂Ⅰ的合成

合成催化剂Ⅰ需要用到手性咪唑啉酮 **29** 和季戊四醇衍生物 **30**，具体方法如下：

(1)在 50 mL 三颈瓶内加入手性咪唑啉酮 **29**(0.2 g，0.85 mmol)和无水四氢呋喃(10 mL)。

(2)氮气保护下加入溴化亚铜(24 mg，0.17 mmol)和季戊四醇衍生物 **30**(1.85 g，6.8 mmol)。

(3)在 40 ℃下，搅拌反应混合液 30 min 后，迅速注入 N，N，N′，N″，N‴-五甲基二亚乙基三胺(PMEDTA)(35 μL，0.17 mmol)。

(4)40 ℃下继续反应 24 h。

(5)反应结束后，减压蒸馏除去四氢呋喃。

(6)用二氯甲烷(30 mL)溶解残渣，再用饱和食盐水洗，无水硫酸镁干燥，过滤，浓缩至适量体积。

(7)缓慢滴入乙醚(30 mL)沉淀，过滤洗涤，真空干燥得到白色固体化合物(0.96g，86%)，即为催化剂Ⅰ。

IR(KBr)/$v$ = 2973,1682,1511,1237,1049 $cm^{-1}$。

$^1$H NMR(400MHz,DMSO-$d_6$)/δ = 8.40(s,4H),7.16(d, $J$ = 7.8Hz, 8H),6.94(d, $J$ = 7.8Hz,8H),5.14(s,8H),4.54(s,8H),3.54(t, $J$ = 7.8Hz,4H),2.93(dd, $J$ = 2.8,14.4Hz,4H),2.64(s,12H),2.57(dd, $J$ = 2.8,14.4Hz,4H),1.18(s,12H),1.16(s,12H)。

$^{13}$C NMR(100MHz,DMSO-$d_6$)/δ = 173.39,156.94,143.26,131.72,

130.72,75.61,59.73,25.24,23.57。

HRMS(ESI) $C_{69}H_{89}N_{20}O_8$ 理论值 $[M+H]^+$ 为 1325.7172，实测值为 1325.7248。

#### 7.3.2.2 不对称 D-A 反应一般过程

具体过程如图 7-4 所示。经过过滤洗涤后，薄层层析显示滤渣无任何反应物和产物，真空干燥得到回收催化剂 I(42.4 mg，回收率 83%)。滤液浓缩，柱层析得到无色油状物即为 3-苯基双环［2.2.1］-5-烯-2-甲醛(194.7 mg，89%)。通过该法还可合成 3-甲基双环［2.2.1］-5-烯-2-甲醛、3-丙基双环［2.2.1］-5-烯-2-甲醛、3-对甲氧基双环［2.2.1］-5-烯-2-甲醛以及 3-对硝基双环［2.2.1］-5-烯-2-甲醛等物质。

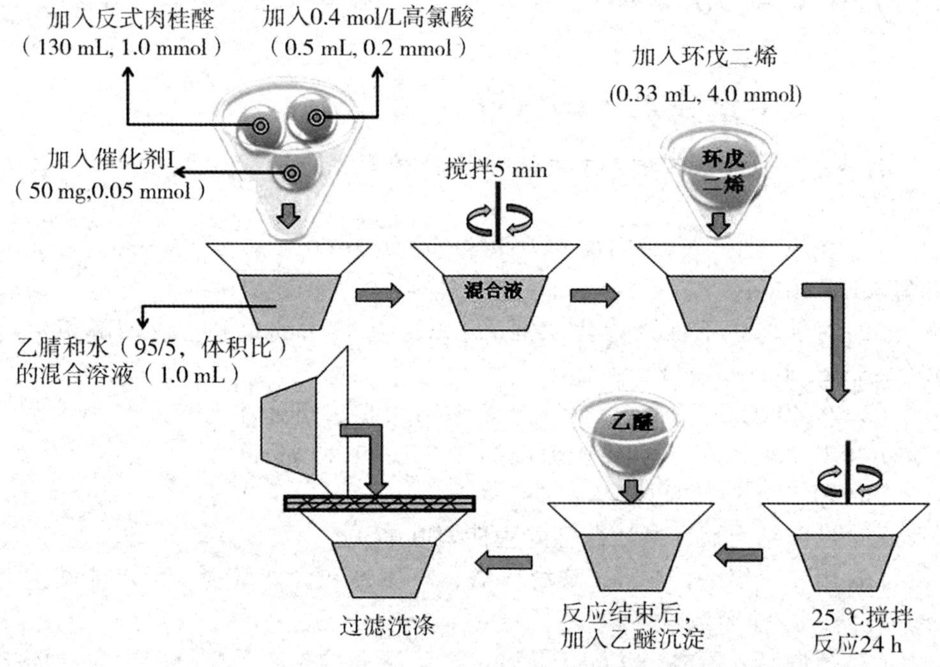


图 7-4 不对称 D-A 反应一般过程

所得 3-苯基双环［2.2.1］-5-烯-2-甲醛为透明无色油状液体，产率为 89%。

(1) ee 值测定。将产物与硼氢化钠加入乙醇中室温搅拌 2 h，使醛基还原成醇，所得对应产物用高效液相色谱 HPLC 进行 ee 值测定，手性柱为 Chiralcel OJ-RH，Daicel。

(2) 流动相。$V_{乙腈}/V_{水} = 40/60$；流速 = 0.6 min/mL；检测波长为

225 nm。

(3) *exo* 构型保留时间为：$T_{R1}$ = 21.35 min(minor)，$T_{R2}$ = 27.33 min (major)；*endo* 构型保留时间为：$T_{R1}$ = 24.73 min(major)，$T_{R2}$ = 30.04 min (minor)。

季戊四醇支载咪唑啉酮手性催化剂 I 易溶于二氯甲烷、硝基甲烷、乙腈等非质子性极性溶剂，不溶于乙醚、甲基叔丁基醚，因而在二氯甲烷、硝基甲烷、乙腈等溶剂中进行液相均相反应，反应完毕后通过乙醚将其沉淀、过滤便可回收再利用。限于本书篇幅，其他物质色相此处不再一一赘述。

## 7.3.3 结果分析

这里，我们从以下三个方面进行结果分析：

(1) 反应条件分析。以环戊二烯与反式肉桂醛的 D-A 反应为模版反应，则季戊四醇支载咪唑啉酮手性催化剂 I 在不同溶剂、不同酸以及不同温度条件下的催化反应活性见图 7-5 和表 7-3。

solvent, T
I(5%)/HX(20%)
endo
exo

图 7-5　环戊二烯与反式肉桂醛的 D-A 反应

**表 7-3　季戊四醇支载咪唑啉酮催化 D-A 反应条件及产率**

| 序号 | 溶剂[①] | 酸 | 温度/℃ | 产率[②] /% | ee[③]/% | | *exo/endo*[④] |
|---|---|---|---|---|---|---|---|
| | | | | | *exo* | *endo* | |
| 1 | $CH_2Cl_2/H_2O$ | HCl | 25 | 5 | — | — | — |
| 2 | $CH_3NO_2/H_2O$ | HCl | 25 | 65 | 86 | 99 | 55/45 |
| 3 | $MeOH/H_2O$ | HCl | 25 | 37 | 89 | 99 | 54/46 |
| 4 | $H_2O$ | HCl | 25 | 36 | 87 | 99 | 55/45 |
| 5 | $CH_3CN/H_2O$ | HCl | 25 | 73 | 89 | 99 | 55/45 |
| 6 | $CH_3CN/H_2O$ | TFA | 25 | 70 | 90 | 99 | 53/47 |
| 7 | $CH_3CN/H_2O$ | p-TSA | 25 | 40 | 93 | 99 | 58/42 |

续表

| 序号 | 溶剂① | 酸 | 温度/℃ | 产率② /% | ee③/% | | exo/endo④ |
|---|---|---|---|---|---|---|---|
| | | | | | exo | endo | |
| 8 | $CH_3CN/H_2O$ | $HBF_4$ | 25 | 72 | 91 | 99 | 53/47 |
| 9 | $CH_3CN/H_2O$ | $HPF_6$ | 25 | 76 | 87 | 99 | 56/44 |
| 10 | $CH_3CN/H_2O$ | $HClO_4$ | 25 | 89 | 92 | 99 | 53/47 |
| 11 | $CH_3CN/H_2O$ | $HClO_4$ | −20 | 40 | 95 | 99 | 52/48 |
| 12 | $CH_3CN/H_2O$ | $HClO_4$ | 0 | 63 | 95 | 99 | 52/48 |

注：其中，①溶剂与水的比例为体积比 95/5；②分离后混合异构体的产率；③产物在乙醇中与硼氢化钠反应，将醛基还原成醇后再通过 HPLC 测定；④通过$^1$H NMR 测定。

由表 7-3 可得出以下结果：

①当以盐酸为添加物时，在不同的溶剂条件下，以季戊四醇支载咪唑啉酮手性催化剂Ⅰ催化环戊二烯与反式肉桂醛的 D-A 反应，其中乙腈/水（$CH_3CN/H_2O$）体系表现出相对较好的催化性能，其产率达 73%，*exo* ee = 89%，*endo*(ee) = 99%。

②当选定乙腈/水为溶剂时，通过对比不同的酸性添加物对反应的催化效果可知，高氯酸的产率最高，ee 值最好，四氟硼酸的催化效果次之。

③当选定乙腈/水为溶剂，高氯酸为酸性添加物时，通过对比不同温度对反应的催化效果可知，低温条件下，*exo* 产物的 ee 值有所提升但产率却变低。

因此，在综合考虑反应产率与立体选择性等因素的前提下，选取催化剂最佳的反应条件为：乙腈/水作溶剂，高氯酸为酸性添加物，25 ℃。

（2）催化剂重复使用性分析。在图 7-4 反应结束后，加入少量无水硫酸镁干燥，过滤，去除溶剂，加入少量二氯甲烷溶解并用冰乙醚沉淀、过滤，再经真空干燥即可回收催化剂Ⅰ，回收产率可达到 80%～90%。用回收的催化剂继续催化环戊二烯与反式肉桂醛的 D-A 反应，其循环使用性能见表 7-4。由表可知，催化剂重复使用 4 次未见催化效果有明显下降。

**表 7-4 催化剂Ⅰ回收实验**

| 序号 | 产率①/% | ee②/% | | exo/endo③ |
|---|---|---|---|---|
| | | exo | endo | |
| 1 | 89 | 92 | 99 | 53/47 |

续表

| 序号 | 产率①/% | ee②/% | | exo/endo③ |
|---|---|---|---|---|
| | | exo | endo | |
| 2 | 85 | 91 | 99 | 52/48 |
| 3 | 82 | 91 | 99 | 54/46 |
| 4 | 72 | 91 | 99 | 52/48 |

注：①分离后混合异构体的产率；②产物在乙醇中与硼氢化钠反应，将醛基还原成醇后再通过 HPLC 测定；③通过 $^1$H NMR 测定。

(3)催化底物分析。为了进一步研究催化剂 I 对于不同反应底物的适应性，可在使用模板反应最佳条件的前提下，对不同反应底物进行 D-A 反应，具体见图 7-6 和表 7-5。

R O + [cyclopentadiene] $\xrightarrow[\text{I(5\%)/HClO}_4\text{(20\%)}]{\text{CH}_3\text{CN/H}_2\text{O,25℃}}$ [endo: R, CHO] + [exo: CHO, R]

endo　exo

图 7-6　催化的 D-A 反应的底物拓展

**表 7-5　不对称 D-A 反应的底物拓展**

| 序号 | R | 产率①/% | ee②/% | | exo/endo③ |
|---|---|---|---|---|---|
| | | | exo | endo | |
| 1 | Ph | 89 | 92 | 99 | 53/47 |
| 2 | Me | 96 | 93 | 95 | 36/65 |
| 3 | n-Pr | 92 | 90 | 92 | 39/61 |
| 4 | 4-MeOPh | 82 | 98 | 92 | 52/48 |
| 5 | 4 - $NO_2$Ph | 80 | 93 | 92 | 66/34 |

注：①分离后混合异构体的产率；②通过 HPLC 测定；③通过 $^1$H NMR 测定。

由此可知，催化剂 I 能适用于此类不对称 D-A 反应，不但产率较高，而且对应异构体选择性也较好，具有良好的催化活性。

# 第 8 章　不对称碳–碳键形成反应

碳碳键的生成是有机合成中十分重要的反应之一，也是构成分子骨架的主要途径。许多新化合物的涌现极大程度上都是基于碳碳键的生成与消除，所以说，在有机合成中有效生成碳碳键具有十分重要的意义。本章主要就不对称环丙烷化反应、交叉偶联反应以及 Heck 反应进行讨论，具体如下。

## 8.1　不对称环丙烷化反应

近年来，对于不对称环丙烷化反应的研究引起了人们的广泛关注。研究发现，许多三元环化合物具有抗肿瘤活性，而且许多生物制剂，包括一些农药都带有手性环丙烷基。

烯烃环丙烷化反应是形成碳–碳键的一种重要反应。其最早采用铜配合物催化剂，其中以手性水杨基醛胺为配体的铜配合物催化剂 **1** 主要可用于合成菊酸 **2**，其 S–构型可用于合成二氯菊酸 **3**。两种产物都是合成拟除虫菊酯(杀虫剂的重要组分)的前体。

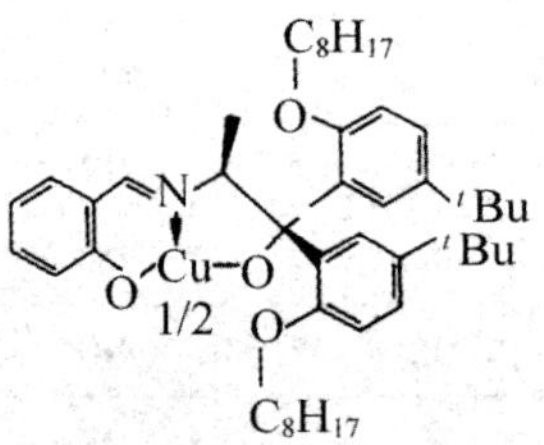

$C_8H_{17}$ O N Cu O 1/2 O O $C_8H_{17}$ $^t$Bu $^t$Bu

**1** 手性水杨基醛胺

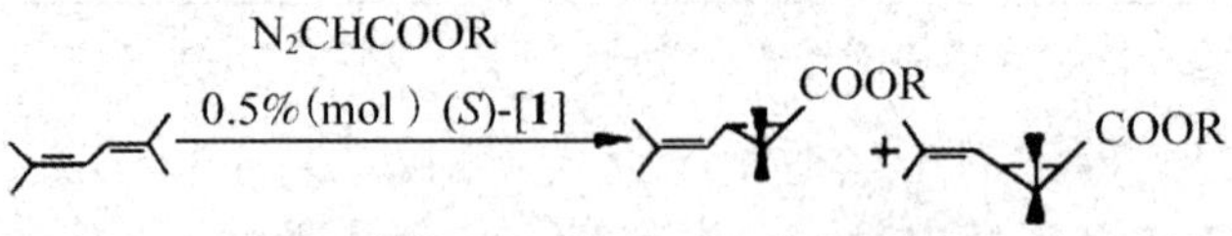

$N_2CHCOOR$ 0.5%(mol) (*S*)-[**1**] COOR + COOR

**2** 菊酸酯

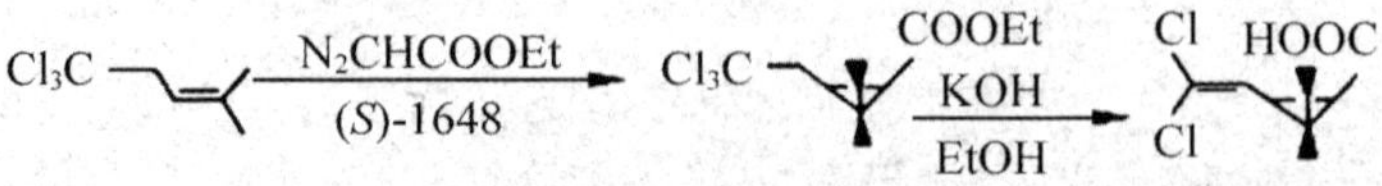

$Cl_3C$ $N_2CHCOOEt$ (*S*)-1648 $Cl_3C$ COOEt KOH EtOH Cl Cl HOOC

91%(ee)　**3** 二菊酸酯

另一种铜配合物（Aratani 催化剂）**4** 则用于合成（+）－2，2－二甲基环丙烷－羧酸 **5**，对映体过量达 92%。该产物是合成西可他丁（一种酶抑制剂）**6** 的关键中间体。



在金属卡宾转化中，羧酸或羧酰胺酸手性配体的铑（Ⅱ）催化剂具有多用途的优点，可用作环丙烷化反应催化剂。手性羧酰胺酸配位的二铑（Ⅱ）化合物 **7**、**8**、**9**、**10** 对氧不敏感，能长期贮存。虽然在用于苯乙烯等环丙烷化反应时，它们能提供的立体控制要比 Aratani 催化剂差些，但它们在催化重氮基乙酸酯或重氮基乙酰胺分子内环丙烷化反应中，拥有较好的性能，是十分有效的催化剂。

## 8.2 交叉偶联反应

通常在过渡金属络合物催化剂作用下，有机金属试剂(R — M)和烷基或芳基卤化物之间能够生成 R - R′，这种反应被称为交叉偶联反应(cross-coupling reaction)，是一种有效生成碳碳键的常用方法。

1901 年，法国科学家格林纳通过在无水乙醚中加入镁屑，并滴加卤代烷，使二者作用生成了一种有机镁化合物，这种化合物被称为格林纳试剂，简称格氏试剂，一般用 RMgX 表示。

格氏试剂的发明不但使得合成烷烃、醇、醛、羧酸等有机物变得十分简单，而且还可将碳原子进行偶联以增长碳链，这为大分子的合成拉开了序幕。

交叉偶联反应大多由低价过渡金属有机配合物与卤代烃或者类似物的氧化加成作为反应的第一步。当然，也可以用高价过渡金属有机配合物作为催化剂前体，不过在进入催化循环之前，要通过一定的方式对其进行还原。

从不对称诱导作用考虑，偶联反应不包括两个 $sp^3$ 杂化的碳原子之间的反应。通常是外消旋的有机金属化合物中的 $sp^3$ 杂化的碳原子和有机卤化物中 $sp^2$ 杂化的碳原子之间的偶联。最典型的不对称偶联反应是在钯或镍手性催化剂作用下，外消旋的仲烷基格氏试剂和乙烯基卤化物之间的反应。

由于 C — Mg 键不稳定，直接和镁原子相连的手性碳原子很容易发生消旋化作用。因此，格氏试剂和卤代物的偶联反应只能得到外消旋产物。但在手性催化剂的作用下，组成外消旋格氏试剂的两个对映体的反应速度不同，因此可以通过格氏试剂的动力学拆分，使其中的一个对映体转化为具有光学活性的偶联产物。但由于手性碳构型翻转的速度比偶联反应的速度快，在反应过程中格氏试剂总是以外消旋的形式存在，反应最后，100%的格氏试剂将转化为产物。

$$\left[ (R^1)(H)(R^2)C - MgX \rightleftharpoons XMg - C(R^1)(H)(R^2) \right] \xrightarrow[ML^*]{R^3\text{-}X} (R^1)(H)(R^2)C - R^3$$

外消旋　　　　　　光学活性

最早报道的格氏试剂不对称偶联反应，使用的手性催化剂是 $NiCl_2$ 和图 8-1 所示手性配体(-)-DIOP 组成的手性镍络合物，反应的对映选择性很低。

Kumada 等在格氏试剂的不对称偶联反应研究中发现，二茂铁基膦和胺基膦是不对称偶联反应的有效配体。由 $NiCl_2$ – (*S*)，(*R*) – PPFA (图 8–2) 和 $NiCl_2$ – (*S*)，(*R*) – BPPFA (图 8–3) 催化的 1–苯基乙基氯化镁和溴乙烯的不对称偶联反应分别获得了 68% (ee) 和 65% (ee) 的对映选择性，见式 (8–1)。

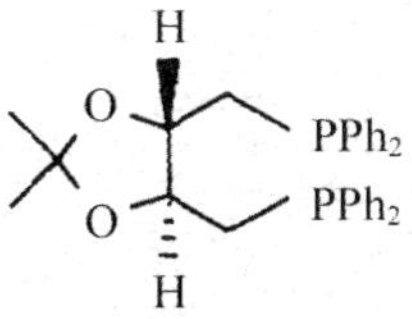

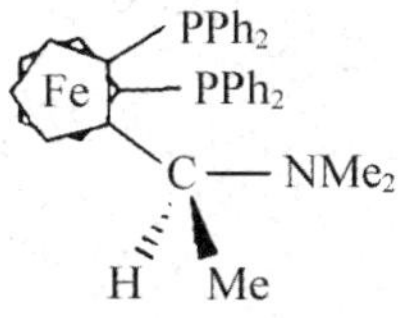

图 8–1　(–)–DIOP　　图 8–2 (*S*)，(*R*) – PPFA　　图 8–3 (*S*)，(*R*) – BPPFA

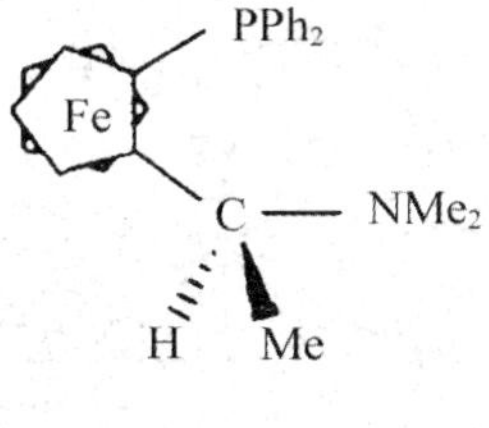

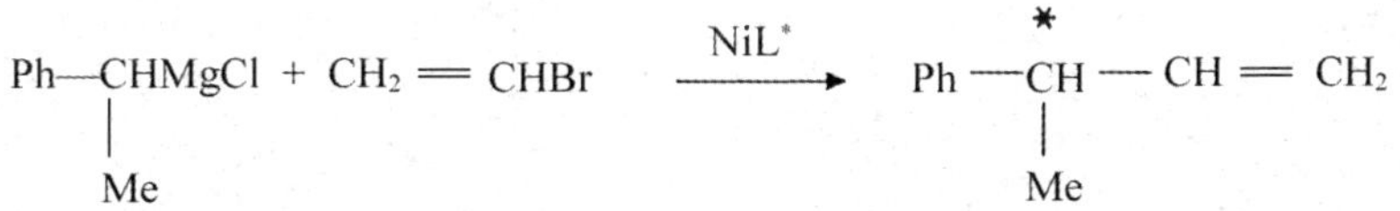

$$\underset{\displaystyle \text{Me}}{\text{Ph—CHMgCl}} + \text{CH}_2=\text{CHBr} \xrightarrow{\text{NiL}^*} \text{Ph—}\underset{\displaystyle \text{Me}}{\overset{*}{\text{CH}}}\text{—CH}=\text{CH}_2 \tag{8-1}$$

Kumada 对该反应提出了图 8–4 所示的反应历程。

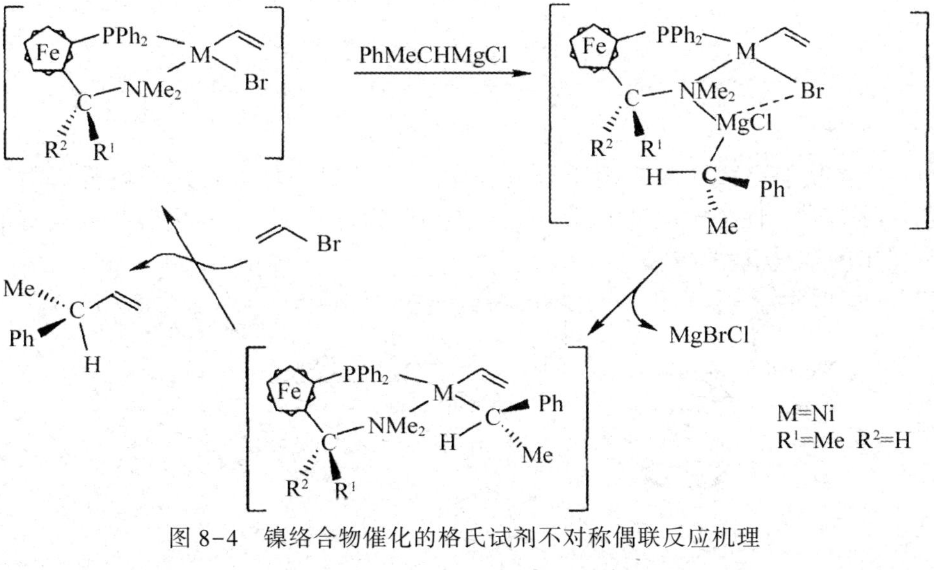

图 8–4　镍络合物催化的格氏试剂不对称偶联反应机理

外消旋有机金属化合物 (R＊M) 与卤代物之间的交叉偶联反应是形成碳–碳键的重要途径之一，可以在第八族金属，特别是 Ni、Pd 与手性膦配体构成的配合物催化下有效进行。

在这类反应中，配体 **13**、**14** 和 **15** 都有很高的对映体选择性。典型的反应如溴乙烯和外消旋格氏试剂的偶联反应。将硅烷化格氏试剂用于偶联反应可得到对映体富集的烯丙基硅烷的产物。

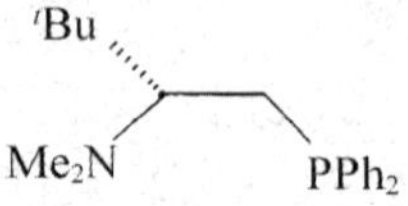

13

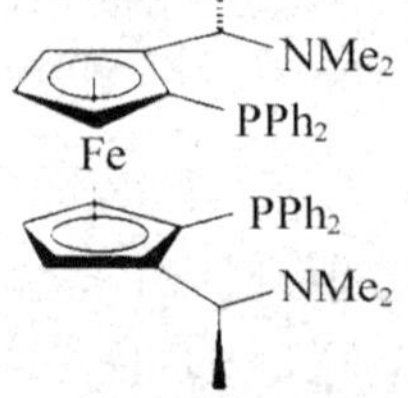

14

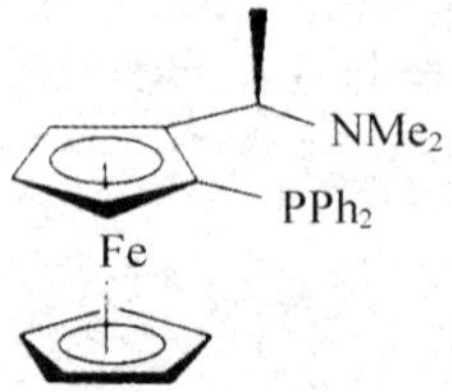

15

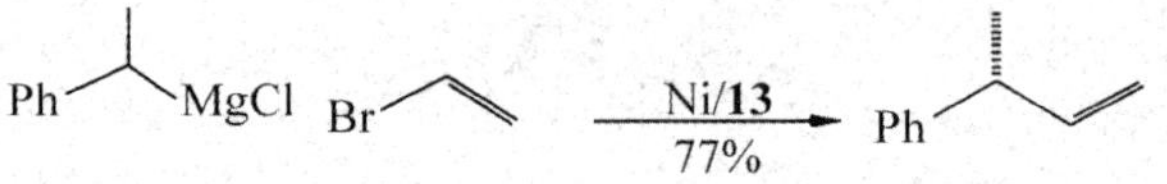


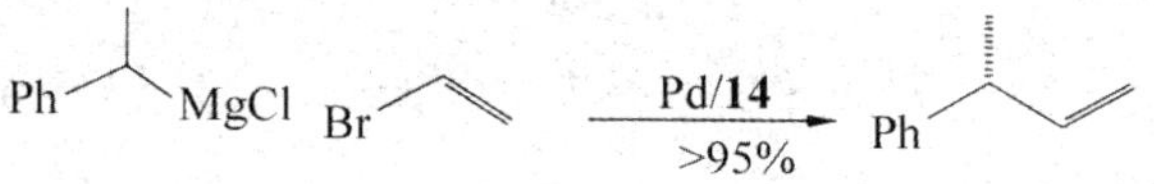


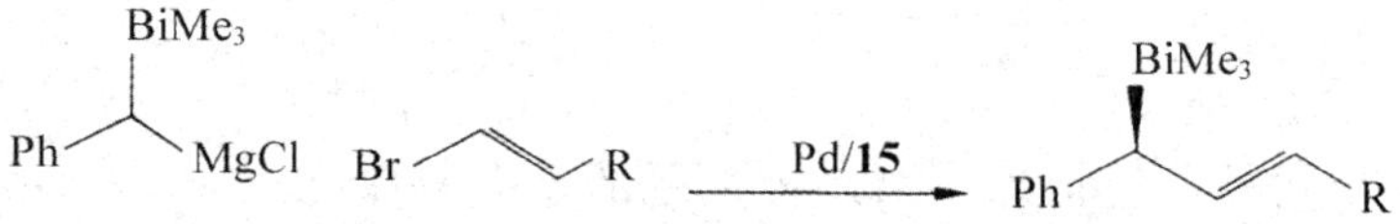


| R | 产率 | ee |
|---|---|---|
| H | 42% | 95% |
| Me | 77% | 85% |
| Ph | 93% | 95% |

此类反应已成功地应用于合成光学活性联萘，并扩展到外消旋烯丙基苯基醚与非手性格氏试剂之间的反应，其产物(ee=97.7%)可转化成具有消炎作用的2-苯基丙酸。

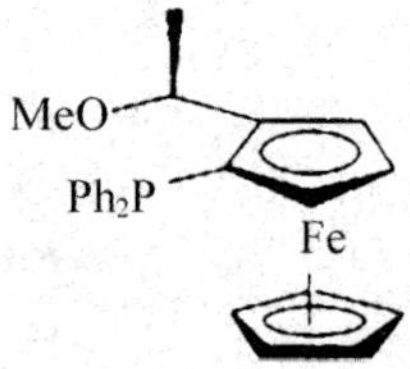

16

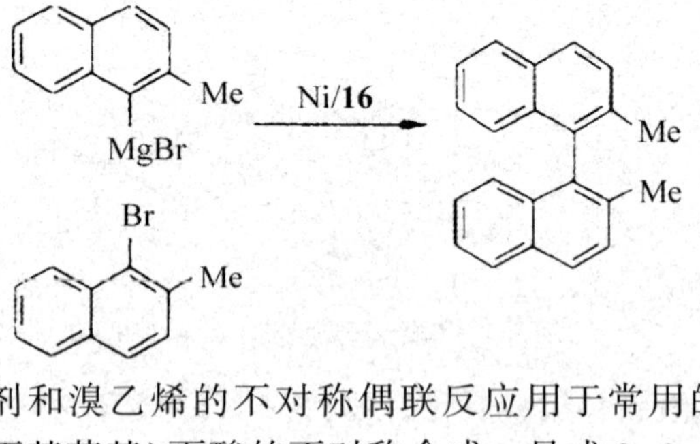


镍催化的仲烷基格氏试剂和溴乙烯的不对称偶联反应用于常用的消炎镇痛药物姜黄烯和2-(4-异丁基苯基)丙酸的不对称合成，见式8-2。

$$\text{(8-2)}$$

α–(三甲基硅基)苄基格氏试剂和溴乙烯在手性二茂铁基膦钯络合物的催化作用下，生成具有光学活性的烯丙基硅烷[95%(ee)]，它含有直接和硅原子相连的手性碳原子，见式(8–3)。

$$Me_3SiCH(Ph)MgBr + BrCH{=}CH_2 \xrightarrow{PdCl_2\text{-}(R),(S)\text{-}PPFA} CH_2{=}CH\text{-}C(SiMe_3)(Ph)H \quad (8\text{-}3)$$

如式(8–4)所示，用苯基乙炔溴化物和格氏试剂进行不对称偶联反应，可以 18%(ee)的对映选择性生成(*S*)–1，3–二苯基–3–(三甲基硅基)丙炔。

$$Me_3Si\text{—}CH(Ph)\text{—}MgBr + PhC{\equiv}CBr \xrightarrow{PdCl_2\text{-}(R),(S)\text{-}PPFA} PhC{\equiv}C\text{—}C(SiMe_3)(Ph)H \quad (8\text{-}4)$$

由手性镍络合物催化的不对称偶联反应，可以用来制备具有手性轴的联苯型或联萘型化合物。例如，2–甲基–1–萘基溴化镁和 1–溴–2–甲基萘之间的不对称偶联反应生成 2，2′–二甲基–1，1′–联萘。当反应使用 (*S*)，(*R*)–PPFOMe(见图 8–5)作为手性配体时，反应的对映选择性可高达 95%(ee)，见式(8–5)。

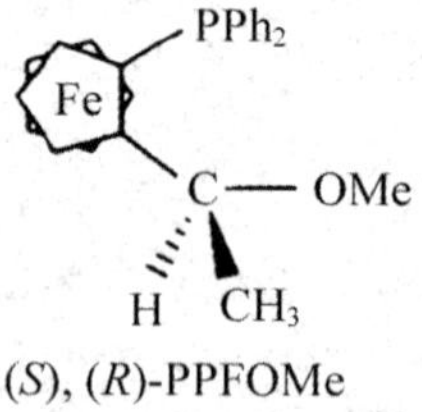

PPh$_2$ Fe C— OMe H CH$_3$

(S), (R)-PPFOMe

图 8-5　(*S*)，(*R*) - PPFOMe

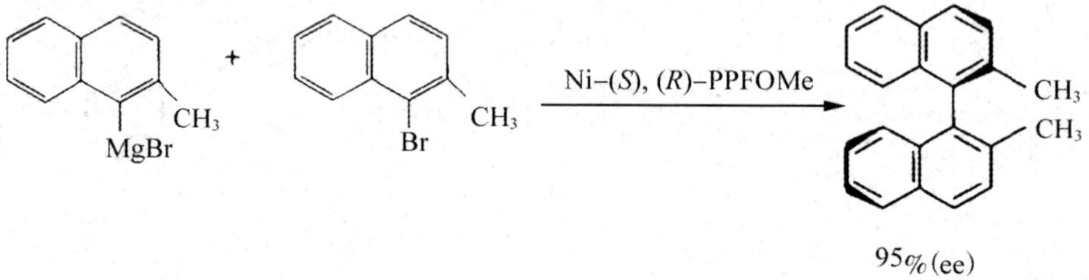

MgBr CH$_3$ + Br CH$_3$ $\xrightarrow{\text{Ni-(S), (R)-PPFOMe}}$ CH$_3$ CH$_3$

95%(ee)

(8-5)

此外，钯催化的 Heck 反应也是一类构建新碳碳键的偶联反应，同时也是卤代芳烃烯基化的重要手段。近年来，Heck 反应已成为催化领域和有机合成化学方面的研究热点之一。下面，我们就对其进行简要说明。

## 8.3　Heck 反应

作为一种新的 C-C 键构造方法，Heck 反应已被广泛应用在众多有机合成反应中，尤其是在肉桂酸酯类衍生物、二苯乙烯衍生物及某些医药中间体的合成中有着广泛的应用。

Heck 反应最早是在 20 世纪 70 年代初由 Mizoroki 和 Heck 等发现的，是钯催化的卤代或三氟磺酸基芳烃、链烯等与乙烯基化合物在碱存在下的偶联反应。Heck 反应的优势在于反应不需要对烯烃进行活化，而且对水及其他基团如羰基、酯、酰胺、醚等稳定。

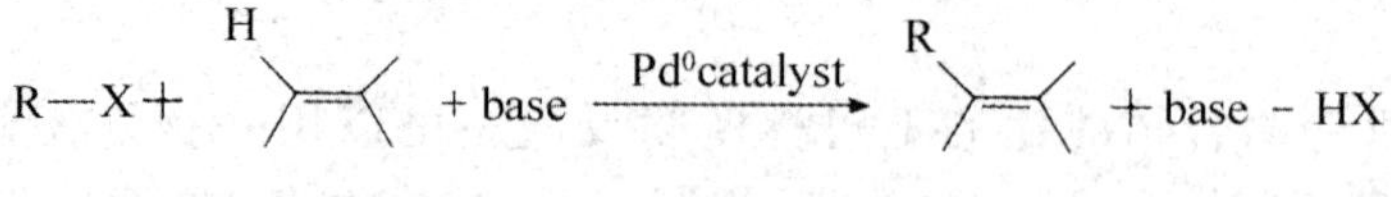

R—X + (H-烯烃) + base $\xrightarrow{Pd^0 catalyst}$ (R-烯烃) + base - HX

R=芳基，乙烯基；

X=I, Br, OTf

## 8.3.1 Heck 反应机理

经过大量的实验研究发现，Heck 反应的机理存在着一定的规律，一般情况下，反应的步骤主要可分为以下四步：

(1)氧化加成(Oxidative addition)。RX(R 为烯基或芳基，X = I>TfO>Br ≫Cl)与 $Pd^0L_2$ 的加成，形成 PdⅡ配合物中间体。

(2)配位插入(Cordination-insertion)。烯键插入 Pd-R 键的过程。

(3)β-H 的消除。

(4)催化剂的再生。加碱催化使重新得到 $Pd^0L_2$。

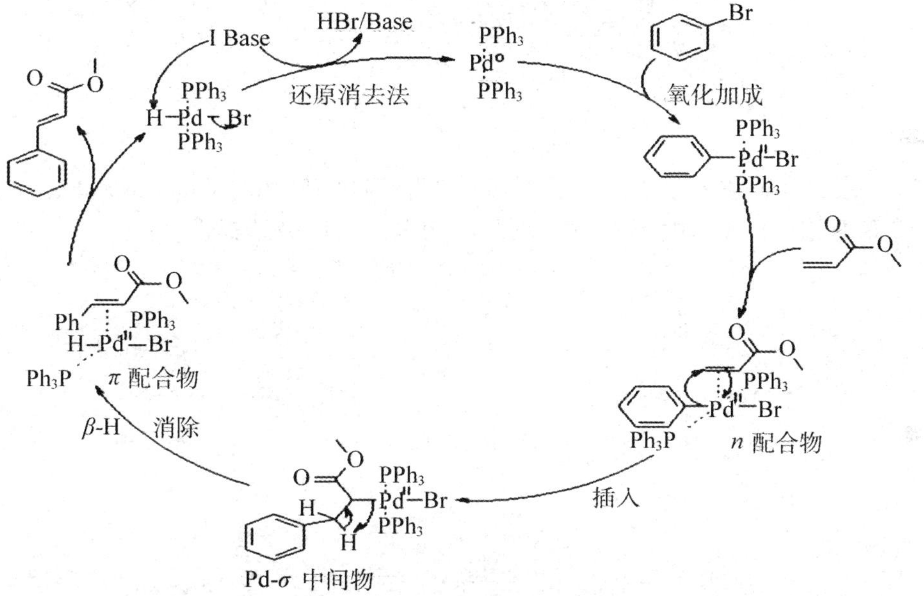

## 8.3.2 不对称 Heck 反应

Heck 反应是分子内成环反应，通常包括烯烃的烷基化和芳基化以生成多取代基的烯烃产物，反应通常是在均相催化体系中进行的。不对称 Heck 反应所用的催化剂是手性 Pd 配合物。最常用的配体是 BINAP。

最初的 Heck 反应并不会在反应产物中形成手性碳原子，直到 1989 年，化学家才报道了成功的分子内不对称 Heck 反应，预示了不对称 Heck 反应良好的发展前景。典型的例子是乙烯碘化合物的环化。加入 Ag 盐是为了使

Pd 离子中间化合物易于再生。

TBDMSOCH$_2$ I Pd/[(R)-BINAP] $Ag_2PO_3$, 70% TBDMSOCH$_2$ H

44%(ee)

Ag 盐亦能改变不对称环化产物的构型，如下列反应，当有 Ag 盐存在时，碘化物环化的产物中(S)-对映异构体占优势；而不加 Ag 盐时，(R)-对映异构体是主要产物。

O NMe I O O Pd/[(R)-BINAP] $Ag_2PO_3$, 81% O NMe O O

除了 BINAP 外，二齿膦配体 **17** 和膦-噁唑啉(Phosphino-oxazoline)配体 **18** 都有很高的对映体选择性，而且产物单一，区域选择性好。

MeO PAr$_2$ MeO PAr$_2$ Ar=3,5-($^t$Bu)$_2$C$_6$H$_3$

**17**

Ph$_2$P N O $^t$Bu

**18**

O Pd/[(R)-BINAP] PhOH Pr$_2$NEt O Ph + O Ph

82%(ee) : 60%(ee)

以 2,3-二氢呋喃 **19** 作为底物，可以与芳基三氟磺酸酯 **20** 发生不对称 Heck 反应，从而实现环上的芳基化。反应生成的主要产物为烯键发生异构化的 2-芳基-2,3 二氢呋喃(即二氢呋喃的双键在氧的邻位)产物 **21**，以及少量的 2-芳基 2,5-二氢呋喃(即二氢呋喃的双键在氧的对位)异构体产物 **22**。

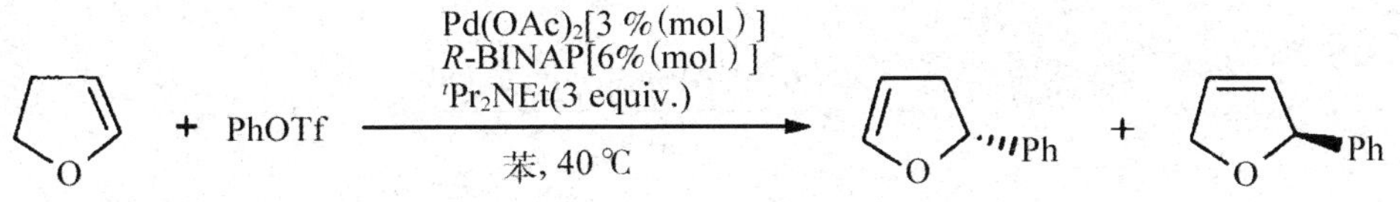

Pd(OAc)$_2$[3 %(mol)]
R-BINAP[6%(mol)]
$^i$Pr$_2$NEt(3 equiv.)
苯, 40 ℃

19 + 20a (PhOTf) → 21 + 22

21 烯键异构化产物 71%[93%(ee)]

22 7%[67%(ee)]

T. Hayashi 等假设了反应的机理，如图 8-6 所示。作为催化剂的钯配合物可以从底物环的两边进行加成，分别生成配合物 *R*-**23** 及 *S*-**23**。在 *S*-**23** 这种情况下，由于手性配体与底物之间的位阻作用，导致钯配合物会很快分解生成产物 **22**。而在另一种情况下，*R*-**23** 可以经历一次烯基团对钯-氢键的重新插入(reinsertion)过程，然后通过脱去另一方的负氢离子而生成产物 **21**。通过对反应中间体的核磁共振和质谱研究，证实了这一机理，即反应过程经历了两次钯-氢键参与的异构化，分别生成了 *R*-**25** 和 *R*-**27**。

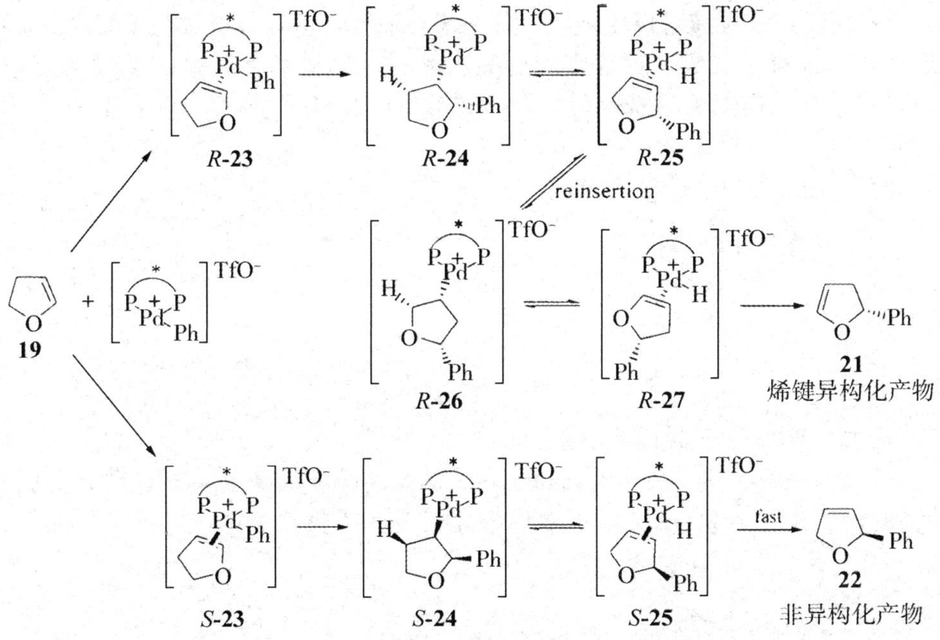

*R*-**23**　*R*-**24**　*R*-**25**　reinsertion　*R*-**26**　*R*-**27**　**21** 烯键异构化产物

**19**　TfO$^-$

*S*-**23**　*S*-**24**　*S*-**25**　fast　**22** 非异构化产物

图 8-6　T. Hayashi 等假设的反应机理

一些脂肪族烯基三氟磺酸酯如 **28** 也适合于此类反应。这类化合物和底物 **19** 进行反应，获得了预期的烯键异构化产物，ee 值大于 96%。

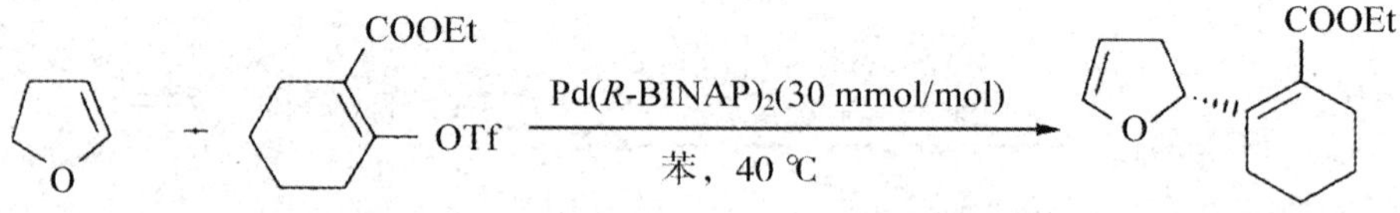

19 28 Pd($R$-BINAP)$_2$(30 mmol/mol) 苯，40 ℃ 62%[>96%(ee)]

利用高价碘盐化合物替代三氟磺酸酯也可进行不对称 Heck 反应。反应产率虽然不高，但能专一性地生成非异构化产物 **29**，而且产物构型与 **22** 的构型相反。这说明反应中生成的钯配合物中间体在第一次脱 β -氢后未经过反插入的过程，即以 $R$-**25** 的形式快速分解为产物。

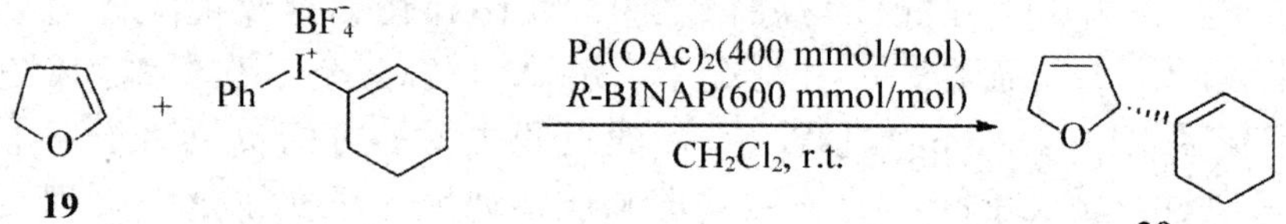

19 Pd(OAc)$_2$(400 mmol/mol) $R$-BINAP(600 mmol/mol) $CH_2Cl_2$, r.t. 29 22% [78%(ee)]

不对称 Heck 反应可以生成手性季铵盐,并已应用于合成-毒扁豆碱(-)-Physostigmine**31**，它是一种临床应用的乙酰胆碱酯酶的禁阻剂。关键的反应是碘化物 **30** 以高对映体选择性转化为产物 **31**。

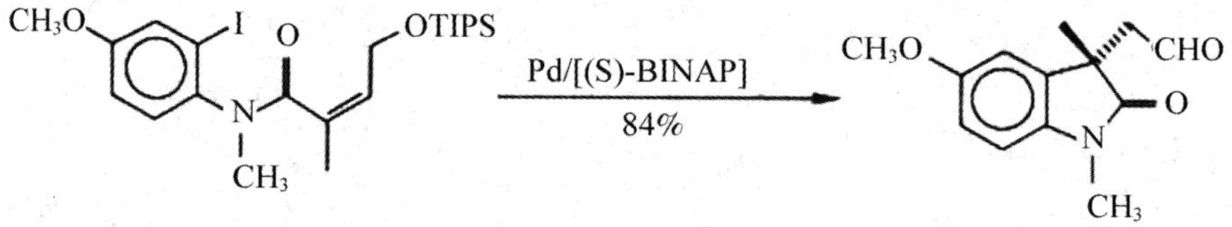

30 Pd/[(S)-BINAP] 84% 31 95%(ee)

其中，TIPS 为三异丙基硅烷基。

另外，一种抗癌药-［Sesquiterpene lactone(+)-vernolepin］的全合成，关键的步骤是化合物 **32** 通过不对称催化转变为手性产物 **33**。

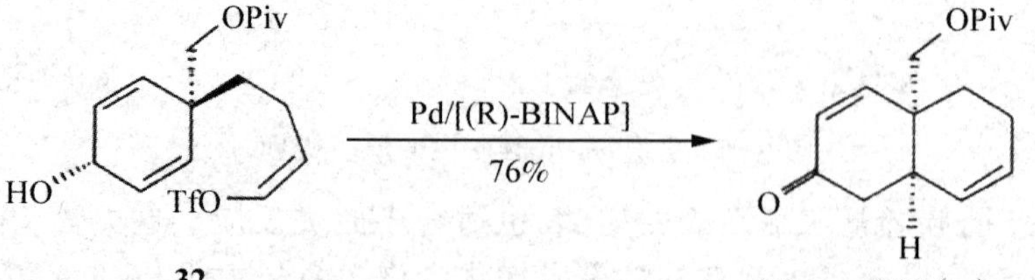

32 Pd/[(R)-BINAP] 76% 33 86%(ee)

其中，Piv 为新戊酸脂。

# 第 9 章　不对称 aldol 反应

不对称 aldol 反应可以生成 β - 位手性碳上带有羟基的羰基化合物，这类化合物在药物合成及精细化工合成中有着广泛的应用。

## 9.1　Mukaiyama 体系

同不对称 D-A 反应类似，不对称 aldol 反应可以通过采用手性底物的底物控制、采用化学计量手性辅基的试剂控制以及采用手性催化剂的不对称催化反应来实现。

20 世纪 70 年代，T. Mukaiyama 等发现 Lewis 酸可以催化烯醇硅醚与羰基化合物发生羟醛缩合反应。这一发现使得利用手性 Lewis 酸催化不对称 aldol 反应成为可能，随后经过相关专业人士的不断努力和研究，各类适用于不对称 aldol 反应的新型高效催化剂相继涌现出来。

Rteez 用 Ti(Ⅳ)-BINAP 络合物 **1** 和 Al(Ⅲ) Lewis 酸 **2**，**3** 为手性催化剂，在 1-甲氧基-1-三甲基硅氧基-2-甲基丙烯 **4** 和脂肪醛的加成反应中最高获得了 66%(ee) 的对映选择性，见式(9-1)。

催化剂

反应的对映选择性

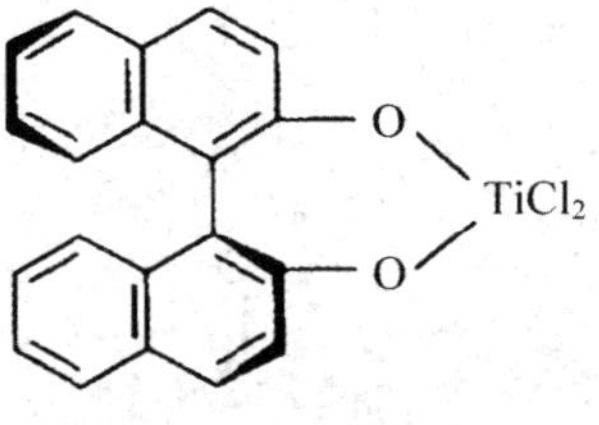

$TiCl_2$

**1**

8%(ee)

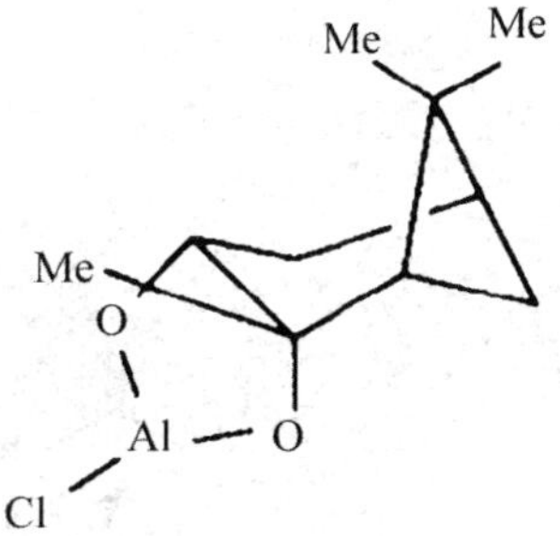

Me　Me　Me　Al　O　O　Cl

**2**

66%(ee)

Me　Me　N　$SO_2Tol$　O　AlCl　Me

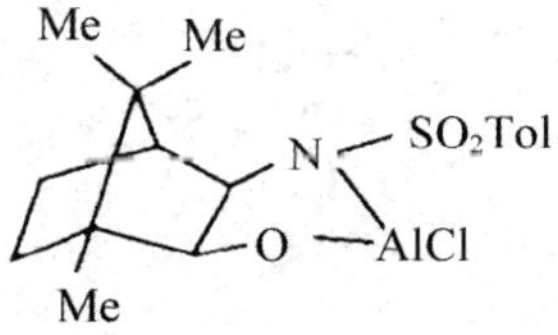

**3**

25%(ee)

$Me_3SiO$ Me MeO Me (4) + O H *i*-Bu $\xrightarrow[\text{甲苯，-78 ℃}]{\text{20\%(mol) 催化剂}}$ O OH MeO * *i*-Bu Me Me (5)

(9-1)

20 世纪 90 年代以后，手性 Lewis 酸催化的 aldol 反应有了很大的发展。如图 9-1 所示，典型的 Lewis 酸催化烯醇硅醚与醛的 aldol 反应历程可分为以下几个部分：

(1)醛和手性 Lewis 酸催化剂(LA*)发生配合，羰基被活化。

(2)烯醇硅醚对羰基进攻发生加成反应，释放出 Lewis 酸后得到缩合产物。

(3)硅醚化的缩合产物经水解可以得到手性 β－羰基醇产物。

当使用手性 Lewis 酸催化剂时，加成反应成为对映选择性反应，如图 9-2所示。

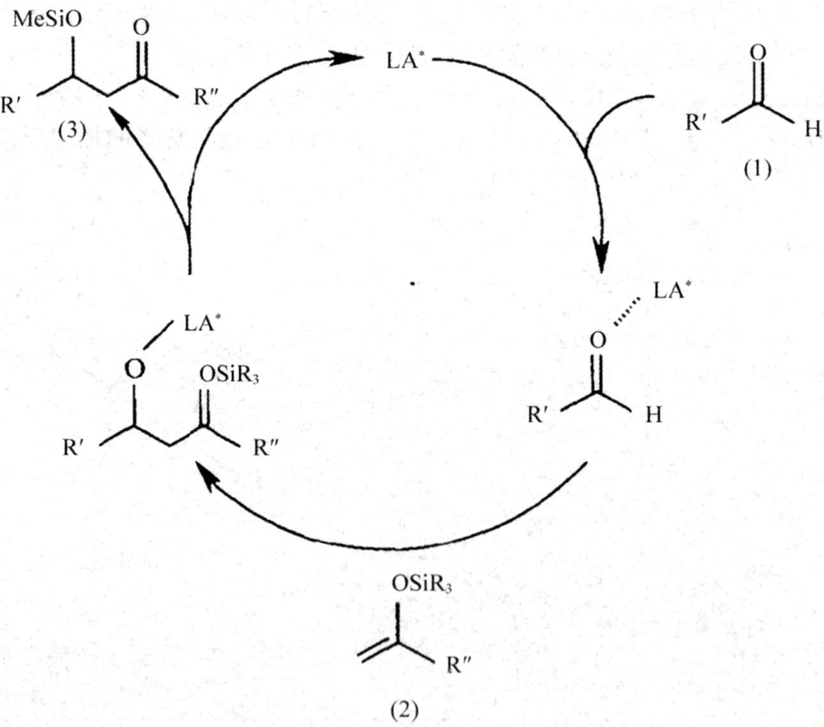


图 9-1　典型的 Lewis 酸催化烯醇硅醚与醛的 aldol 反应历程

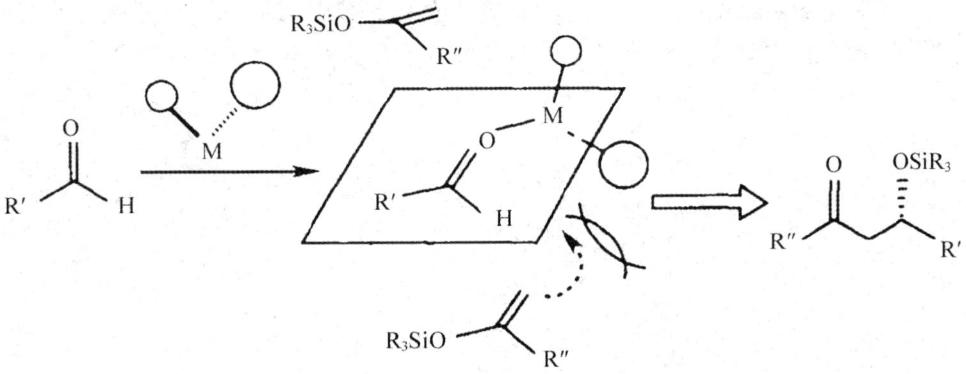


图 9-2　手性 Lewis 酸催化的不对称醛醇缩合反应

## 9.2　手性 Lewis 酸催化的不对称 Mukaiyama aldol反应

手性硼杂环催化剂是催化不对称 Mukaiyama aldol 反应最好的催化剂之一。这类催化剂主要包括手性酰氧基硼烷（Acyloxyborane）及手性噁唑硼烷酮（Oxazaborolidine）两类。

$CO_2H$　O　$R^2O$　O　O　B　$R^1$

Acyloxyborane

$R^3$　O　N　O　$ArO_2S$　B　$R^1$

Oxazaborolidine

手性酰氧基硼烷（CAB）**6** 是单芳基酒石酸酯 **7** 和甲硼烷作用生成的，见式(9-2)。

$O^iPr$　O　$CO_2H$　O　$CO_2H$　$O^iPr$　OH　$\xrightarrow{BH_3\cdot THF}$　$O^iPr$　O　$CO_2H$　O　O　BH　$O^iPr$　O　O　(9-2)

**7**　**a:** (2*R*,3*R*)　**b:** (2*S*,3*S*)　　**6**　**a:** (2*R*,3*R*)　**b:** (2*S*,3*S*)

手性酰氧基硼烷(CAB)**6** 催化烯醇硅醚 **8** 和苯甲醛的不对称醛醇缩合反应，有很高的非对映选择性和对映选择性，见式(9–3)，式(9–4)。

$OSiMe_3$ + PhCHO —20 mol% **6a**, $C_2H_5CN$，–78 ℃→ $C_2H_5$, O, $OSiMe_3$, Ph, Me

**8** (*R*)-**9**

(9–3)

$OSiMe_3$ + PhCHO —20 mol% **6b**, $C_2H_5CN$，–78 ℃→ $C_2H_5$, O, $OSiMe_3$, Ph, Me

**8** (*S*)-**9**

(9–4)

当选择催化剂 CAB **6a** 时，反应产率为96%，顺式/反式为94∶6；而选择 CAB 6b 时，虽然顺式/反式仍为94∶6，但产率可达99%。这里需要注意的是，反应优先生成顺式醛醇缩合产物，具有很高的对映选择性。

催化剂 CAB 也可催化硅烷基烯酮缩醛 **10**，**11** 的不对称醛醇缩合反应，见式(9–5)。

PhO, $OSiMe_3$, $R^1$ + $R^2CHO$ —20 mol % **6a**, EtCN，–78 ℃→ PhO, O, $OSiMe_3$, $R^2$, $R^1$ (9–5)

**10** $R^1$=H
**11** $R^1$=Me

噁唑硼烷酮由 α –氨基酸与硼烷配合而成，具有同酰氧硼烷相似的结构。利用 *N*–磺酰化的手性缬氨酸或色氨酸作配体，与硼烷配合制得噁唑硼烷催化剂 **12** 和 **13**，它们可以催化烯醇硅醚或烯醇硅醚化的酯与醛之间的不对称 Mukaiyama aldol 反应，得到的结果与手性酰氧硼烷催化的反应类似。利用非天然的 α –氨基酸作手性配体制得的催化剂 **14** 和 **15**，亦表现出优异的不对称催化活性。

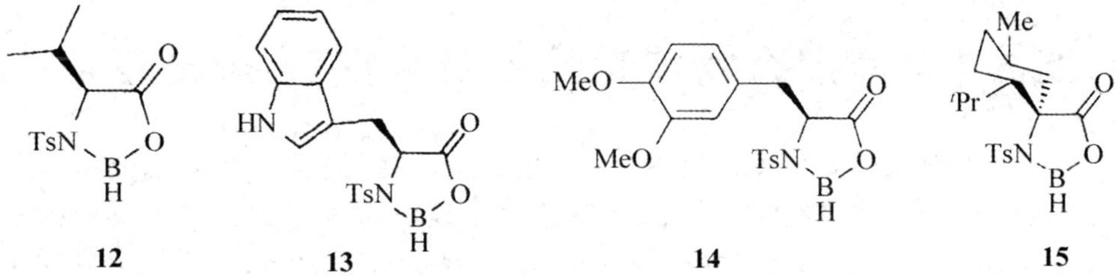

12 13 14 15

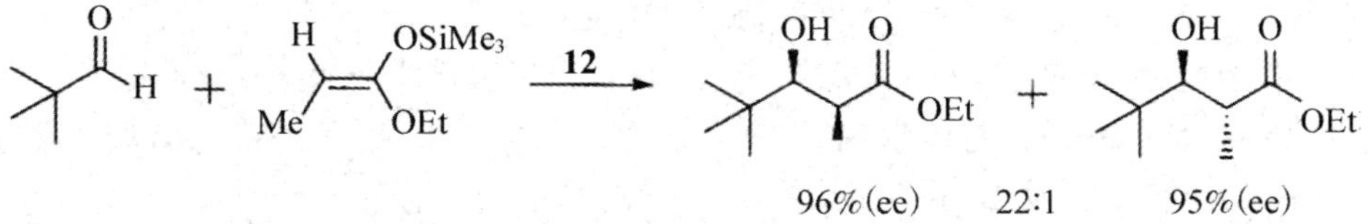

96%(ee) 22:1 95%(ee)

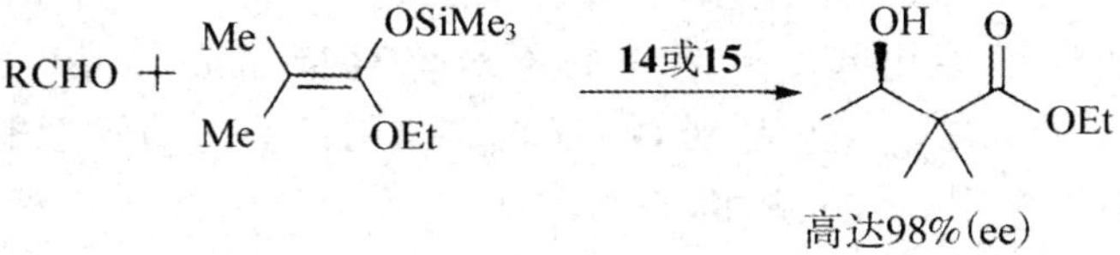

14或15

高达98%(ee)

手性钛-BINOL 配合物也广泛应用于催化不对称 aldol 反应中，如具有较好不对称催化效果的钛配合物 **16** ~ **18**。其中，**17** 可用四异丙氧基钛和 *S*-BINOL于反应时原位反应生成。它们在催化烯醇硅醚与乙醛酸酯或醛的不对称 aldol 反应中均有着较好的表现。

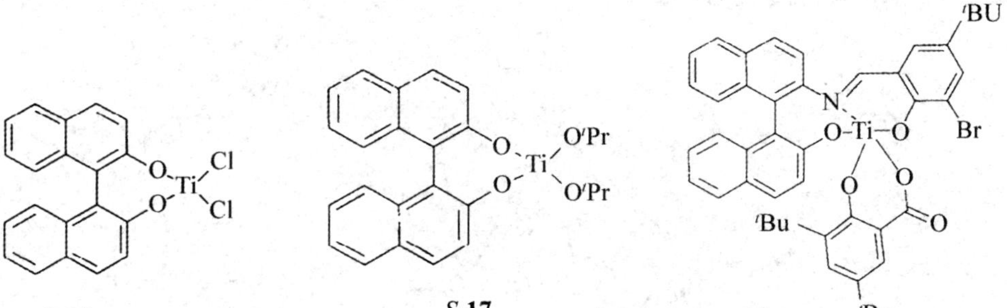

*R*-**16** *S*-**17** **18**

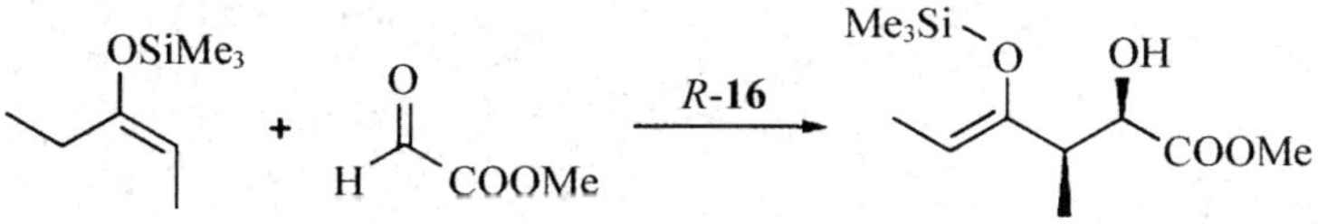

*R*-**16**

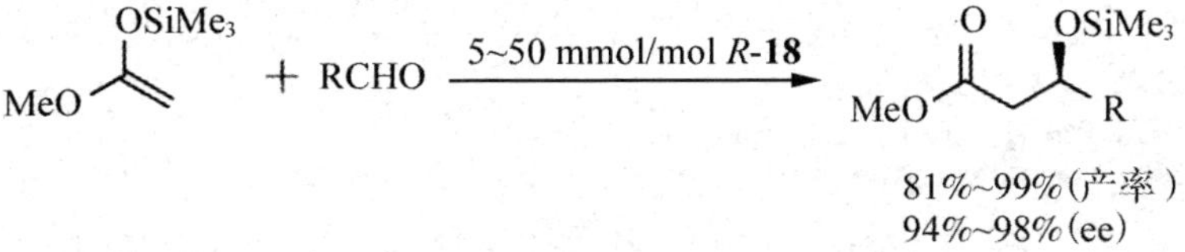

5~50 mmol/mol *R*-**18**

81%~99%(产率)
94%~98%(ee)

## 9.3 金属配合物催化的不对称直接 aldol 反应

在上述 Mukaiyama aldol 反应中，大部分反应均是将底物酮或酯衍生为烯醇硅醚的形式来进行的。从简捷性和原子经济性来考虑，这类反应则不如未修饰的醛与酮之间的直接 aldol 反应。所以，这里我们主要就金属配合物催化的不对称直接 aldol 反应进行详细论述。

由于直接 aldol 反应的底物均未加修饰，因此要求催化剂分子要具有可同时活化醛及酮的功能。目前，在这方面比较突出的是 M. Shibasaki 的双金属-BINOL 催化剂及 B. M. Trost 的 $Zn^{2+}$-开链冠醚催化剂。

1997 年，Shibasaki 等人率先提出了镧系金属-锂-联萘酚(LLB)催化体系，并首次实现了催化醛、酮之间的不对称直接 aldol 反应。LLB 催化剂(**19**)包含中心的镧原子，它起到 Lewis 酸的作用；外围的联萘酚-锂则起到了 Brønsted 碱的作用。反应的机理如图 9-3 所示，催化剂的双功能点分别对两部分底物产生活化。底物苯乙酮环上的取代基对反应的非对映选择性及对映选择性均有影响。由于此反应需要过量的酮(5 ~ 50equiv. )，并且反应时间长达数天，所以 Shibasaki 等使用了另一类催化剂 BaB-M(**20**)来缩短反应的时间。这里需要注意的是，催化剂 BaB-M(**20**)是用 Ba $(O^iPr)_2$ 和 BINOL-Me 制备而成的。

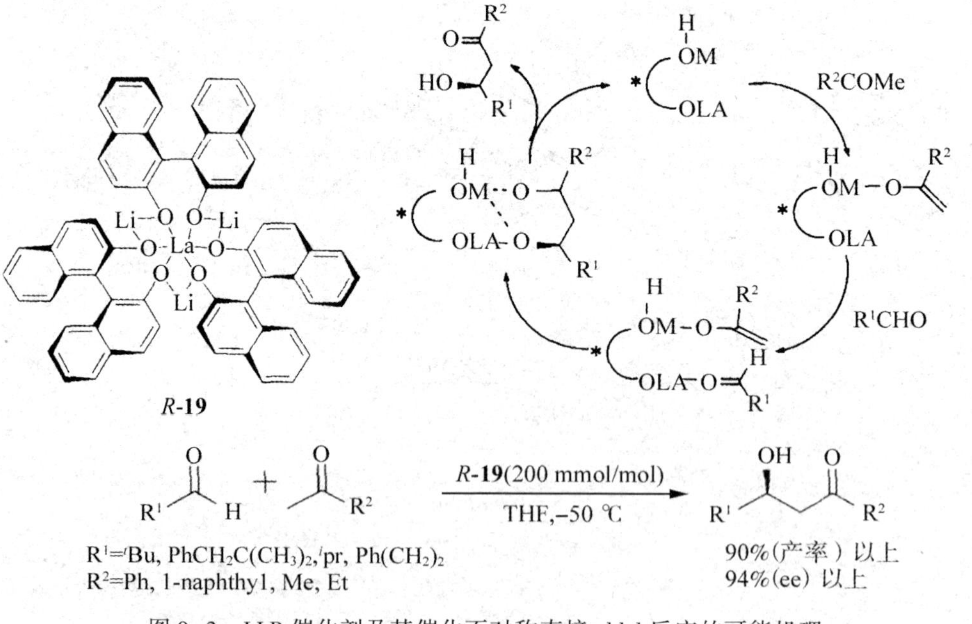

图 9-3 LLB 催化剂及其催化不对称直接 aldol 反应的可能机理

*R*-**20**

*R*-**20** [5 %(mol)]

DME, −20 ℃

R=$^{t}$Bu, $PhCH_2C(CH_3)_2$, cyclohexyl, $^{i}$Pr, $BnOCH_2C(CH_3)_2$, $BnOC(CH_3)_2$

77%~99%(产率)
70%(ee) 以上

与 *S*−**19** 相比，另一种含 Zn−(*S*−BINOL) 的催化剂 **21**，在催化 α −羟基酮与醛的反应中显示出了更优秀的催化活性，并可以使反应选择性地生成反式(*anti*−)二醇。当催化剂 **21** 的中心金属被其他如镧系元素所取代时，催化效果变差。这类反应采用的机理与图 9−3 相类似。

*S,S*-**21**

*S*-**19**
(100 mmol/mol)
THF, −50 ℃

R=$Ph(CH_2)_3$, $CH_3(CH_2)_4$, $^{i}PrCH_2$, $Ph(CH_2)_2$, 等.

*syn*−　*anti*−

dr(*anti:syn*) up to 5:1

70%~87%(ee)　90%~95%(ee)

*S,S*-**21**
(100 mmol/mol)
THF, −40 ℃

R=$Me_2CH$, Hexyl, $Et_2CH$, $Ph(CH_2)_2$, 等.

*syn*−　*anti*−

dr(*anti:syn*)1:2 to 1:7

77%~86%(ee)　67%~81%(ee)

Trost 等合成的 Zn-手性开链冠醚配体 **22** 是另外一类催化不对称直接 aldol 反应的金属配合物催化剂。它可通过 2，6-二溴甲基对甲苯酚依次与盐酸脯氨酸甲酯，苯基氯化镁反应制得。**22** 与二乙基锌原位生成锌配合物 **23** 催化不对称直接 aldol 反应。一般可通过以下两种方式来加快反应速度：

(1) 加入分子筛。分子筛的加入可以加快反应的进行，但反应仍需 2～4 天。

(2) 向反应中加入弱的 Zn 配合剂。如加入三苯基硫膦，可以将 aldol 产物从与 Zn 的配合状态置换下来，从而加快反应的速度。

但需要注意的是，不能用 Li 或 Mg 来取代中心原子，否则催化效果会下降。

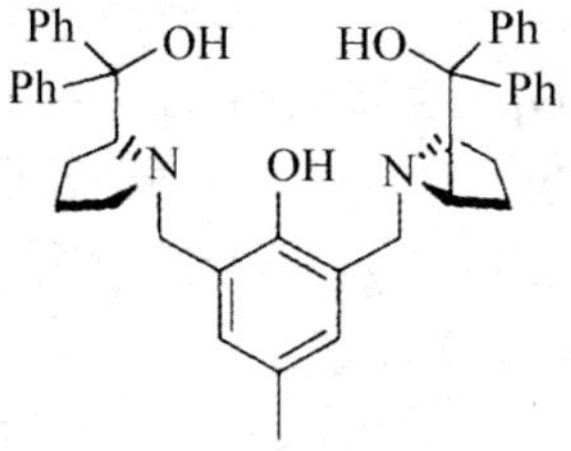

**22** 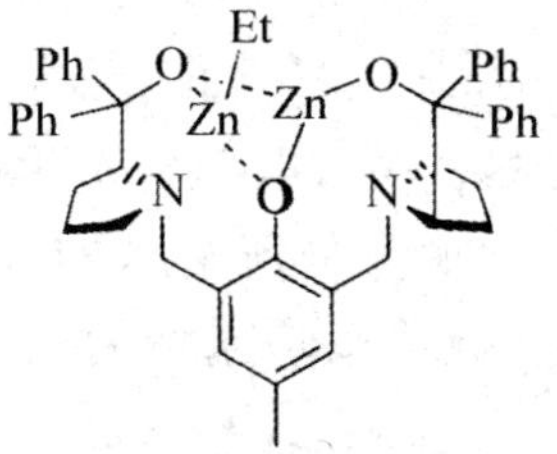　　**23**

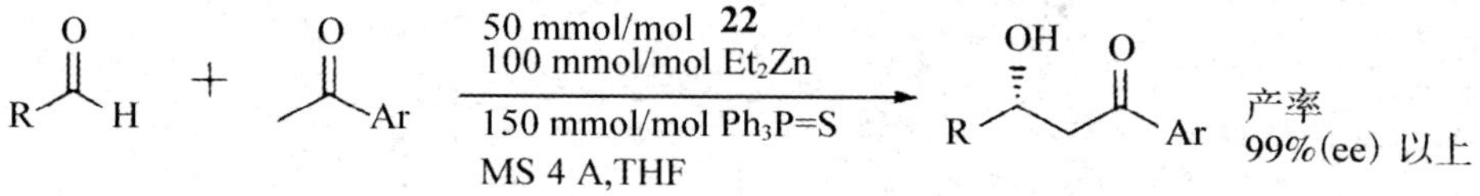

50 mmol/mol **22**
100 mmol/mol $Et_2Zn$
150 mmol/mol $Ph_3P=S$
MS 4 A,THF
产率
99%(ee) 以上

当采用如异丁醛、α-二苯基乙醛或环己基甲醛等 α-取代醛为底物时，产物 ee 值大于 95%；而当采用丁醛、异戊醛时，则只能获得中等的 ee 值。如图 9-4 所示，推测的过渡态显示 **23** 的两个锌原子分别活化醛及酮的羰基，酮羰基经活化后转化为烯醇进攻醛分子。

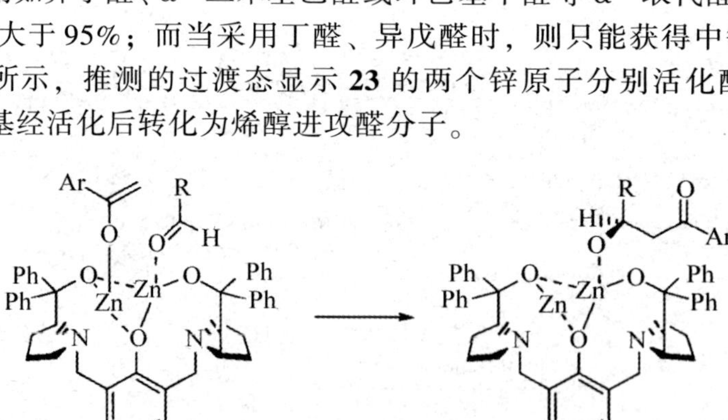

图 9-4　Zn-手性开链冠醚配合物催化不对称直接 aldol 反应的可能机理

Kobayashi 设计了 3，3′-二碘代-6，6′-取代的 BINOL，可以与 Zr 化合

物形成手性络合物，从而催化不对称 aldol 缩合。

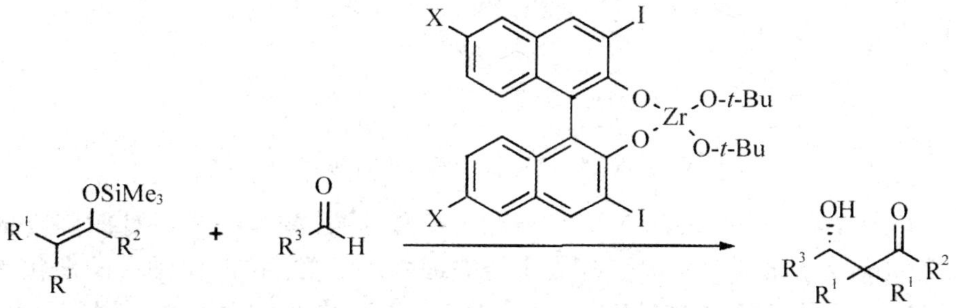

当然，可用于催化不对称直接 aldol 反应的催化剂，还包括一些如 Ti-BINOL-扁桃酸及 Ni-双 X 唑啉配合物等(Ni 配合物催化性能较好)。限于本书篇幅，此处不再一一列举。

## 9.4 有机催化的不对称直接 aldol 反应

有机催化是指催化剂不含金属离子，仅利用简单手性有机物即可完成的不对称催化反应。有机催化的不对称 aldol 反应源于 21 世纪初 B. List 等对 L-脯氨酸的应用。L-脯氨酸简单易得，在多种不对称催化反应的配体合成中常有很好的表现。但未加修饰的脯氨酸则很少用于不对称催化反应。

List 等首先发现，L-脯氨酸 **24** 能很好地模拟 I 类醛缩酶催化不对称直接 aldol 反应。经过对不同的溶剂如乙腈、丙酮、THF、DMF、DMS( )及混合溶剂的筛选后发现，以 DMSO 作溶剂，多种醛均可与未修饰的丙酮在室温下反应顺利得到不对称 aldol 产物，其结果如图 9-5 所示。当以异丁醛和丙酮为底物反应时，显示了很好的催化效果，不但化学产率高达 97%，而且 ee 值也达到了 96%。

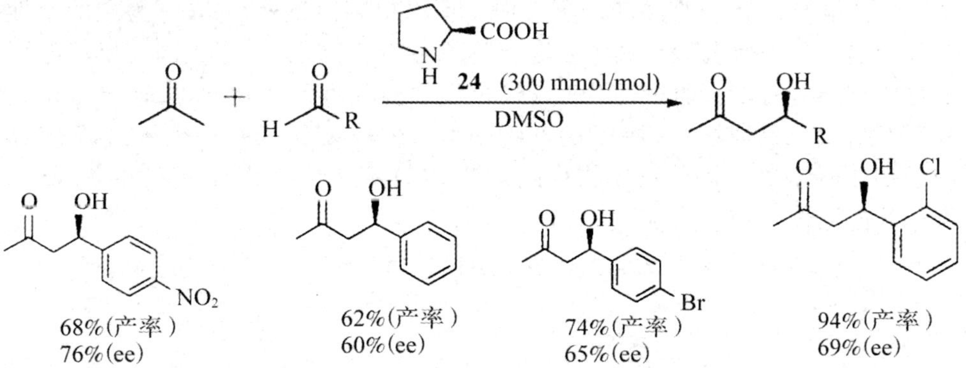

68%(产率) 76%(ee)　62%(产率) 60%(ee)　74%(产率) 65%(ee)　94%(产率) 69%(ee)

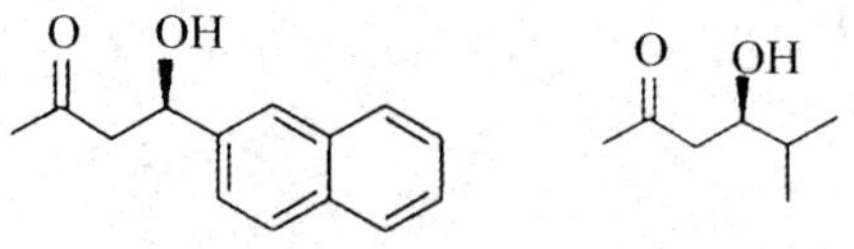

54%(产率)
77%(ee)

97%(产率)
96%(ee)

图 9-5　L-脯氨酸催化不对称直接 aldol 反应

List 认为，这类 aldol 反应是仿照Ⅰ类醛缩酶(醛缩酶是不对称直接 aldol 反应的高效催化剂，一般可分为Ⅰ类醛缩酶和Ⅱ类醛缩酶两种)的催化步骤进行的。三环氢键过渡态(见图 9-6)是产生对映选择性的重要因素。L-脯氨酸是以仲胺的形式与酮形成 Schiff 碱。List 等认为可以把 L-脯氨酸看作是一类“微型醛缩酶”，它含有亲核的氨基以及作为助催化剂的羧酸/羧酸根阴离子，而助催化剂在催化反应过程中的每一步均起到了推动作用。

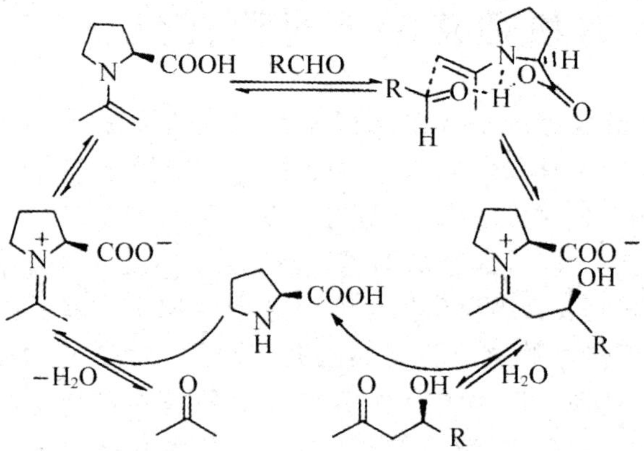

图 9-6　L-脯氨酸催化不对称直接 aldol 反应的历程

List 等将 L-脯氨酸催化不对称直接 aldol 反应拓展到了双手性中心。用非手性的醛与未修饰的羟基丙酮反应，可以得到以反式(*anti*-)为主的手性二醇产物，几乎所有的反式邻二醇产物均具有很高的 ee 值。这类反应的可能过渡态如下所示。通过过渡态 **25**(模型呈椅式六元环状)和 **26**(模型呈船式)分别可以得到反式及顺式的产物二醇，但需要注意的是采用过渡态 **26** 的稳定性不如 **25**。因此反应物将优先沿 **25** 途径生成反式(*anti*-)的 1，2 二醇，致使这种产物占多数。

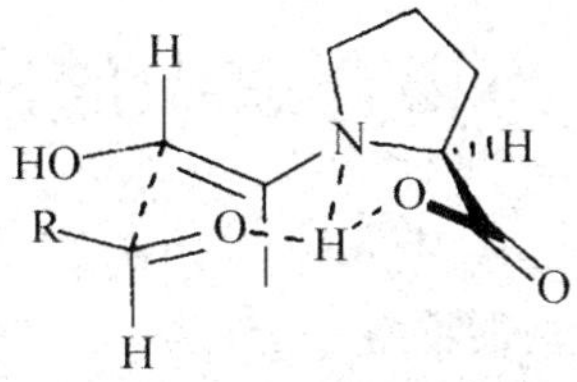

**25** ⟶ *anti* 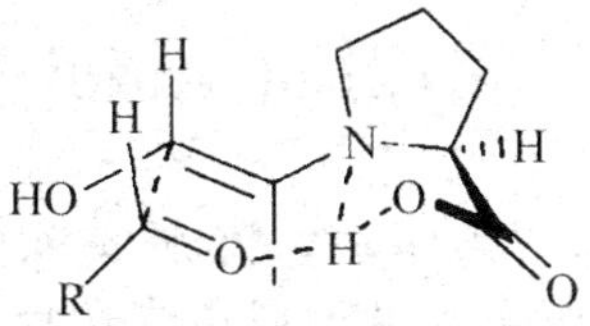　　　　**26** ⟶ *syn*

脯氨酸催化的醛与酮之间的不对称直接 aldol 反应存在以下两点局限：

(1)反应需要 20%～30%(摩尔分数)的脯氨酸催化剂，用量较大。

(2)对于芳香醛的反应，对映选择性并不高。

L. Z. Gong 和 K. Maruoka 等分别应用手性氨基醇 **27** 和手性联萘衍生物 **28** 作为反应的催化剂，得到了更好的结果。两种催化剂在催化芳香醛如对硝基苯甲醛与丙酮的反应中 ee 值均达到了 93%。而对于 **27** 催化的新戊醛(2，2-二甲基丙醛)，ee 值大于 99%。

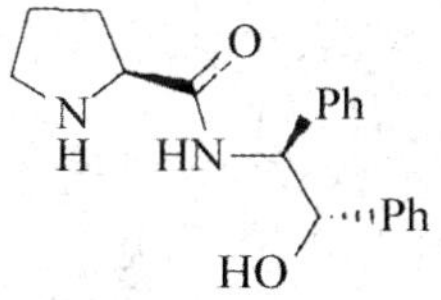

**27** 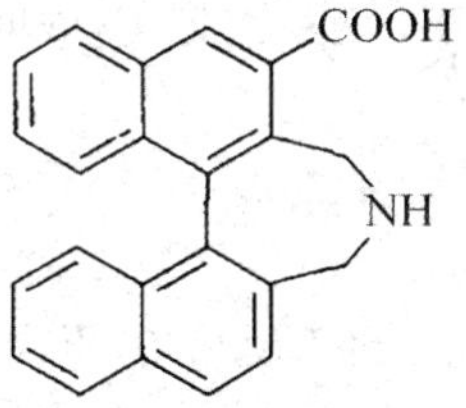　　　　**28**

脯氨酸催化剂对于各类 aldol 反应的良好效用已经得到了广泛的认同。它不但可以有效地催化醛的自身 aldol 反应、醛与丙酮酸酯的 aldol 反应、1，7-二醛的分子内 aldol 反应等，而且在 100 mmol/mol 脯氨酸的存在下，通过将供体醛缓慢加入受体醛的方式，成功地实现了醛与醛之间的交叉 aldol 反应，避免了一种底物的自身 aldol 反应的发生。

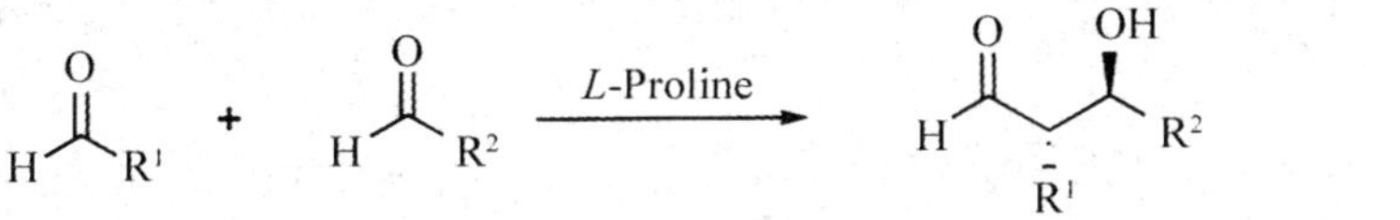

$$\mathrm{R^1CH_2CHO} + \mathrm{R^2CHO} \xrightarrow{L\text{-Proline}} \mathrm{OHC{-}CH(R^1){-}CH(OH){-}R^2}$$

up to 92%(de)（非对映体过量百分数）, up to 99%(ee)

大量研究表明，在 L 脯氨酸催化不对称直接 aldol 反应中，其优点是脯氨酸无毒、廉价，并且能轻松获得两种对映异构体；反应不需对酮进行预修饰；反应不需要惰性气氛，并且可在室温下进行；催化剂具有水溶性，通过水萃取即可除去。当然，脯氨酸的使用目前仍有诸多限制，如其在有机溶剂中的溶解性并不好；水相中脯氨酸催化的反应结果并不理想；脯氨酸的用量相对较多(一般为 300 mmol/mol)等。

## 9.5 不对称 aldol 反应在药物合成中的应用

Enders 等人报道，*R*-脯氨酸可以催化二羟基丙酮与甘油醛衍生物的不对称 aldol 缩合，从而可以高选择性的合成五碳糖。

*R*-Proline

>99:1 dr（非对映体比例），>98%(ee)

Cordova 等报道了使用不同构型的脯氨酸催化苄基保护的 α -羟基乙醛的 Aldol 缩合，从而可以合成六碳糖，ee 超过 99%。

*L*-proline *D*-proline

99%(ee) 以上

当然，不对称 aldol 反应在药物合成中的应用还有很多，限于本书篇幅，此处不再进行详细介绍，有兴趣的读者，可参考相关文献。

# 第 10 章　不对称相转移催化反应

相转移催化(Phase Transfer Catalysis，PTC)是有机合成化学中一种常用的反应。如果在反应中使用手性的相转移催化剂，利用相转移催化反应就可以将前手性的反应底物转化为具有光学活性的反应产物，这就是不对称相转移催化反应。下面，我们就对其展开详细讨论。

## 10.1　相转移催化的基本原理

固体酸或其水溶液与溶于非极性溶剂中的有机物的反应是采用 PTC 最典型的实例，如：

$$\underset{\text{有机相}}{RX} + \overset{\text{水相}}{NaCN} \xrightarrow[\text{催化剂}]{Q^+X^-} \underset{\text{有机相}}{RCN} + \overset{\text{水相}}{NaX}$$

Starks 提出的相转移催化的基本原理如图 10-1 所示。

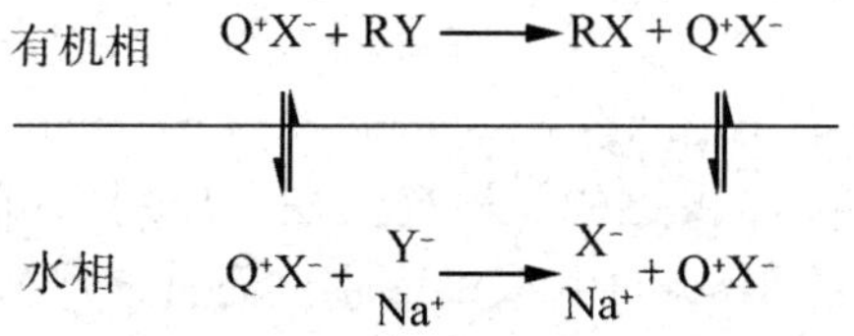


图 10-1　相转移反应的“萃取”机理

其中，离子对［$Q^+X^-$］(具有离子特性)由催化剂阳离子和反应物阴离子组成，可以溶解到水相中。催化剂阳离子上的烷基链使离子对具有亲脂性，可溶于有机溶剂。催化剂阳离子可以以离子对的形式将阴离子 $X^-$ 从水相“萃取”到有机相中；一旦进入有机相，阴离子 $X^-$ 就会和有机底物 R-Y 发生反应；离子基团 $Y^-$(带有负电荷)和催化剂阳离子 $Q^+$ 组成新的离子对［$Q^+Y^-$］，它同样也可进入水相，在两相间达成平衡。但需要注意，如果在水相中有过量的反应物阴离子 $X^-$，通过 $Q^+$ 的萃取作用就可源源不断的进入有机相参加反应。

早期人们认为 PTC/OH 反应体系中，$OH^-$ 负离子是从 NaOH 水溶液萃取到有机相中的。后来，Makosza 提出了一个 PTC/OH 体系的“界面机理”如图 10-2 所示。

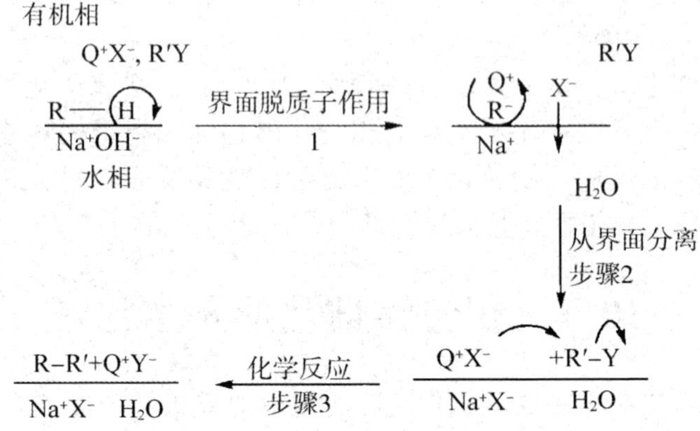


图 10-2 相转移催化反应的界面机理

界面机理认为在有机相中靠近界面的有机底物 R-H 分子和在水相中靠近界面的 $OH^-$ 负离子发生脱质子作用(步骤 1)。在两相界面附近生成的离子对［$Na^+$ $R^-$］在水相和有机相中都不能溶解。位于两相界面处的［$Na^+$ $R^-$］遇到催化剂阳离子 $Q^+$ 时，$Q^+$ 可以将有机阴离子 $R^-$“拖”到有机相的深处，生成新的离子对［$Q^+$ $R^-$］，与 $Q^+$ 配位的 $X^-$ 将进入水相(步骤 2)。最后，［$Q^+$ $R^-$］与反应物 R′－Y 作用，生成反应产物 R－R′和［$Q^+$ $Y^-$］(步骤 3)。生成的［$Q^+$ $Y^-$］离子对将进入新一轮的催化循环中。

最早的不对称相转移催化（Asymmetric Phase Transfer Catalysis）是由 Merck 研究人员于 1984 年报道的。研究发现，使用辛可宁溴化物可以催化 2 位取代的 2，3-二氢-1-茚酮的甲基化反应，而且产率和 ee 值都很高，分别达到了 95%和 92%。

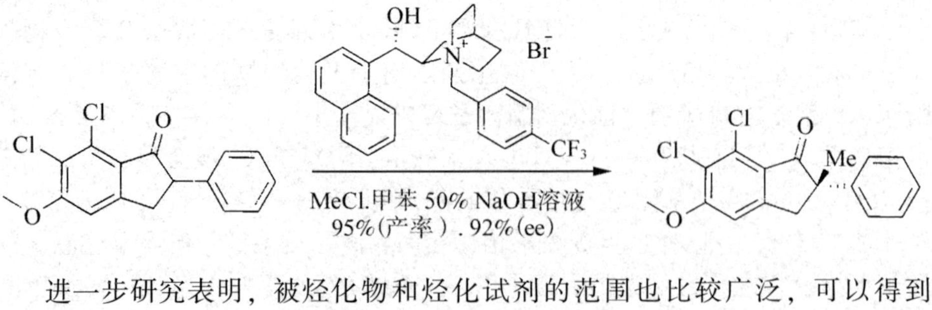

MeCl.甲苯 50% NaOH溶液
95%(产率).92%(ee)

进一步研究表明，被烃化物和烃化试剂的范围也比较广泛，可以得到众多有意义的不对称相转移催化反应，例如：

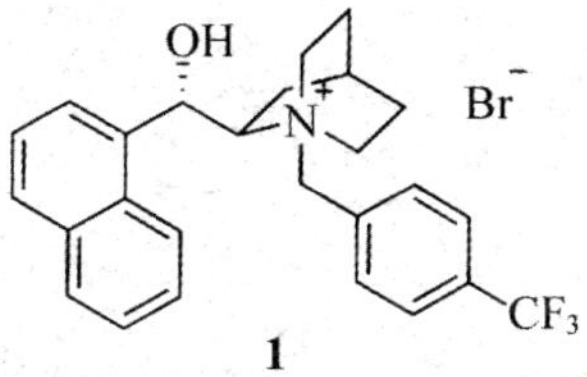
OH
Br⁻
CF3

1

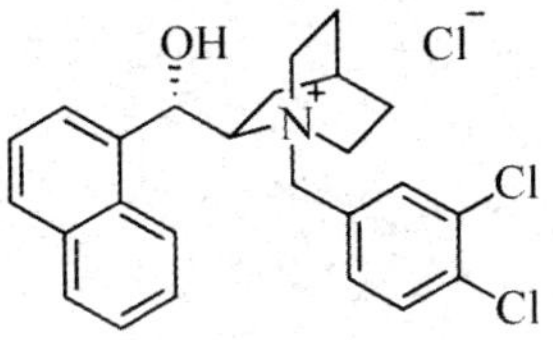
OH
Cl⁻
Cl
Cl

2

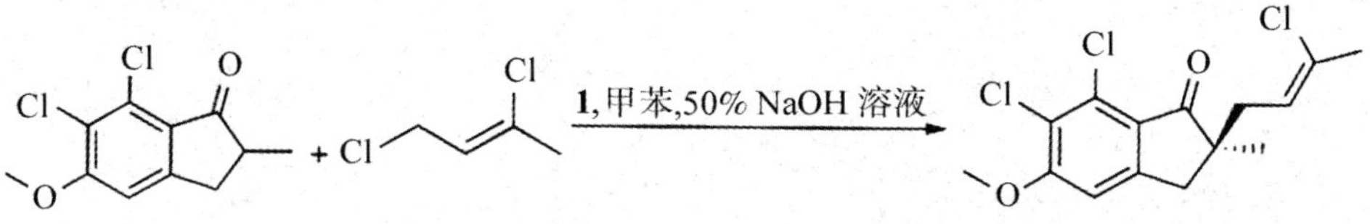
Cl
O
Cl
Cl
1,甲苯,50% NaOH 溶液
Cl
O
Cl
Cl

99%(产率),92%(ee)

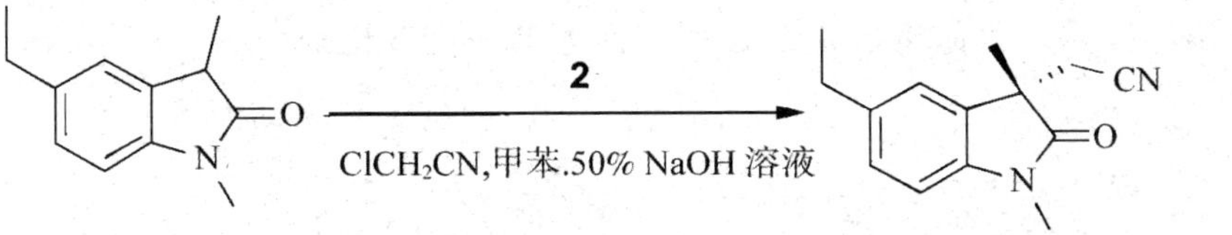
O
N
2
ClCH2CN,甲苯.50% NaOH 溶液
CN
O
N

83%(产率),73%(ee)

使用甘氨酸的二苯甲亚胺的衍生物作为不对称相转移催化烃化的反应底物已经被发展成为制备范围广的具有高选择性光学活性的 α -氨基酸的出色方法。这类反应的通式可以表示为：

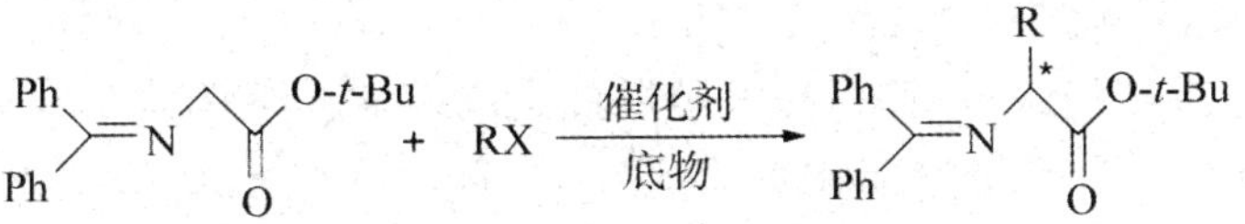
Ph
N
O-t-Bu
Ph
O
+ RX
催化剂
底物
R
Ph
N
O-t-Bu
Ph
O

## 10.2　不对称相转移催化剂

最常使用的不对称相转移催化剂主要有季铵盐(由金鸡纳碱、麻黄碱等生物碱衍生)、手性冠醚、聚- α -氨基酸等。

### 10.2.1 手性季铵盐

Dolling 等利用由辛可宁 **3** 衍生的季铵盐 **5**( R═$CF_3$ )作相转移催化剂，在苯基二氢茚酮的甲基化反应中获得了较好的对映选择性。

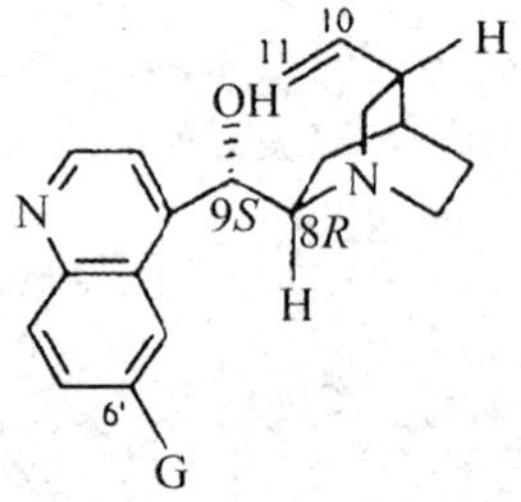

3 辛可宁（G = H）
4 奎尼定（G = OMe）

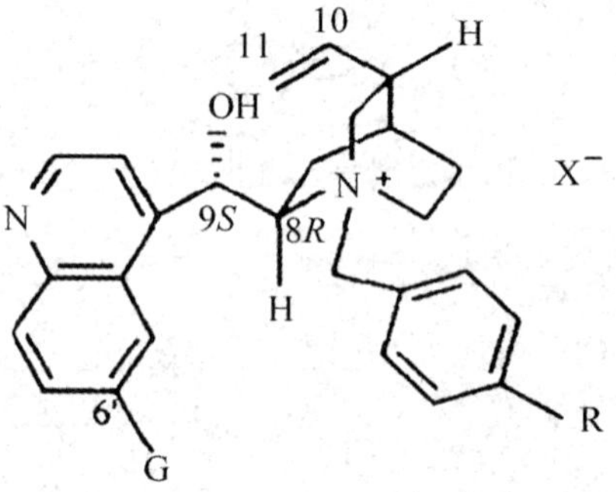

5

在作为相转移催化剂的金鸡纳生物碱中，辛可宁 **3** 和辛可尼定 **6** 是一对非对映异构体。人们把催化剂 **5** 和 **8** 称为第一代催化剂。

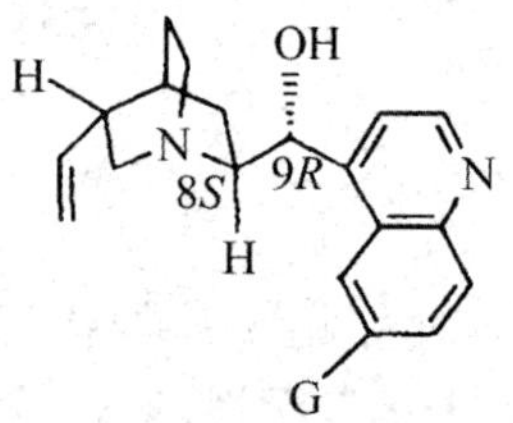

6 辛可尼定（G = H）
7 奎宁（G = OMe）

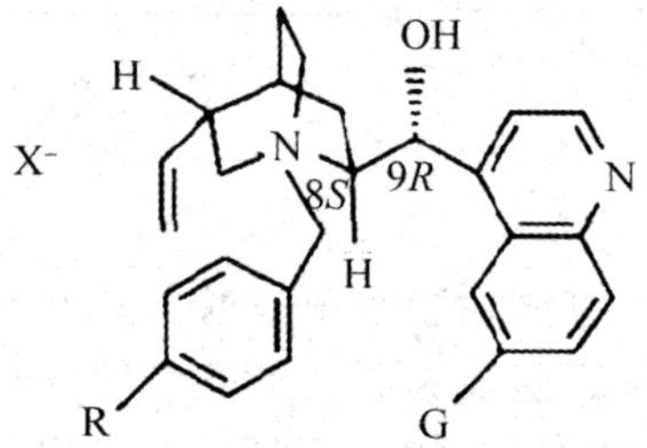

8

1994 年报道的 *N*-烷基-*O*-烷基取代金鸡纳碱的季铵盐 **9** 和 **10**，是第二代催化剂。它们主要是由催化剂 **5**(G = H，R = H) 和 **8**(G = H，R = H) 的 *O*-烷基化反应生成的。

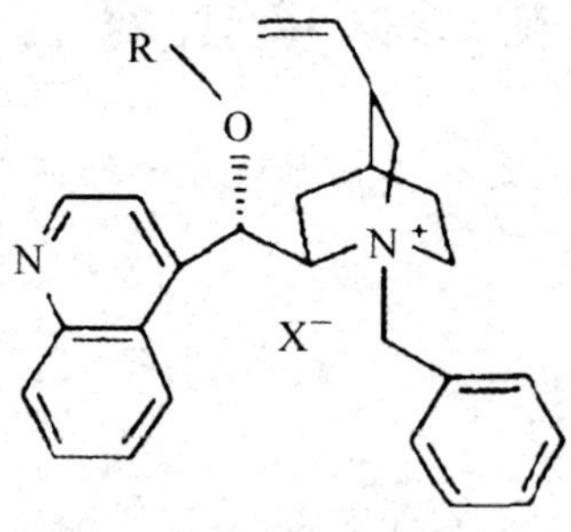

**9** **a:** R=苄基 **b:** R=烯丙基

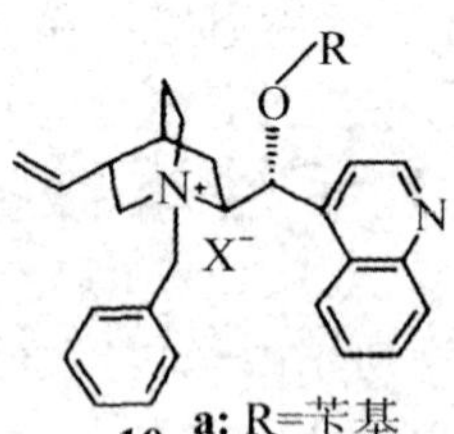

**10** **a:** R=苄基 **b:** R=烯丙基

第三代催化剂包括 Lygo 报道的催化剂 **11** 和 **12**(保留了游离的羟基)以及 Corey 报道的催化剂 **13**(羟基上的氢被烯丙基取代)。

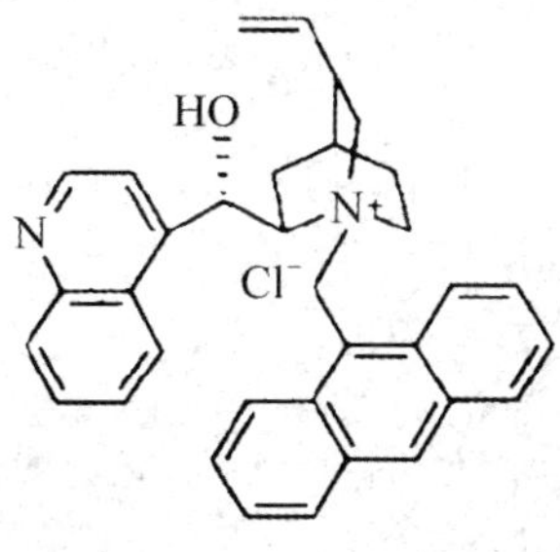

11 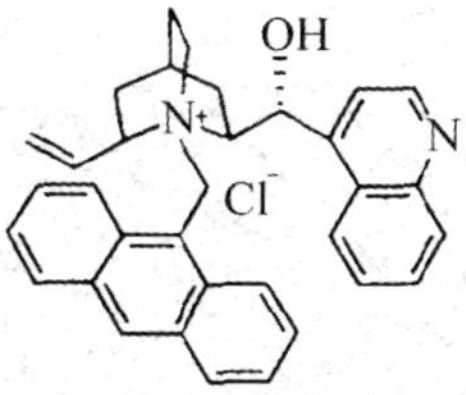　　12 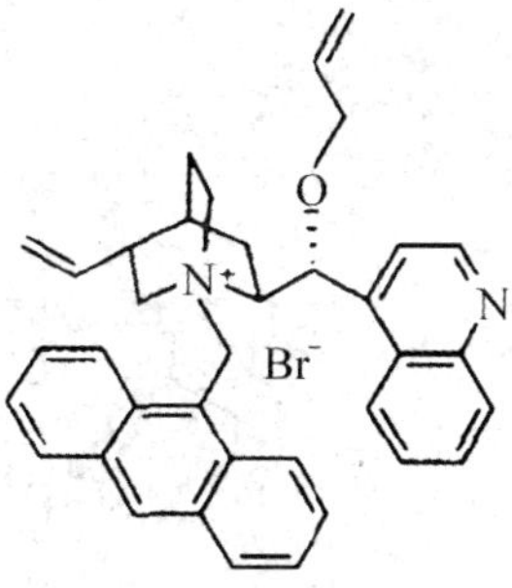　　13

由麻黄碱或假麻黄碱生成的季铵盐也是常用的手性相转移催化剂。如季铵盐 **14** 和 **15**。

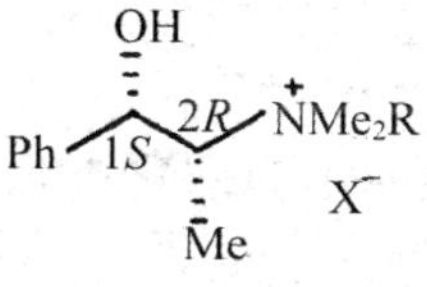

14 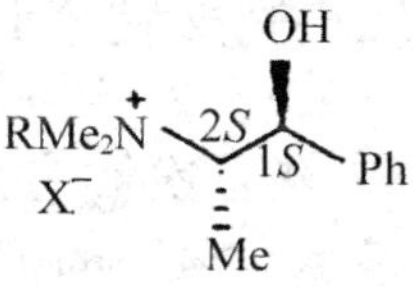　　15

## 10.2.2 手性冠醚

手性冠醚是另一类重要的不对称相转移催化剂，在相转移催化的不对称 Michael 加成反应中有很好的对映选择性。例如，可用手性冠醚(*S*，*S*)-**16** 催化 β-酮酸酯和甲基乙烯基酮的 Michael 加成反应。环糊精 **19** 也可作为手性相转移催化剂，在环氧化反应中对映选择性为 11%(ee)。

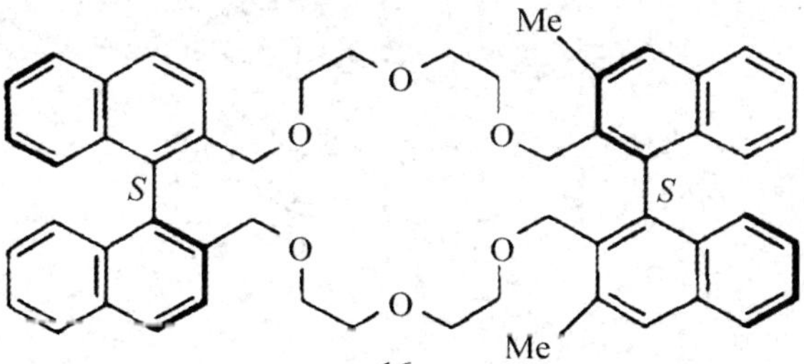

16 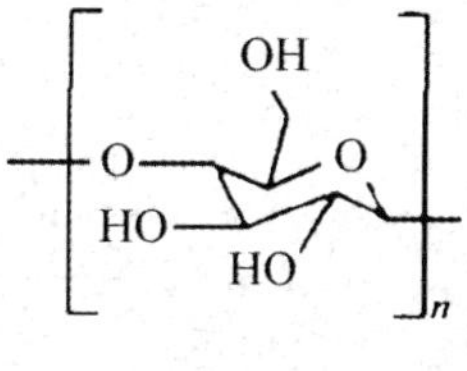　　19

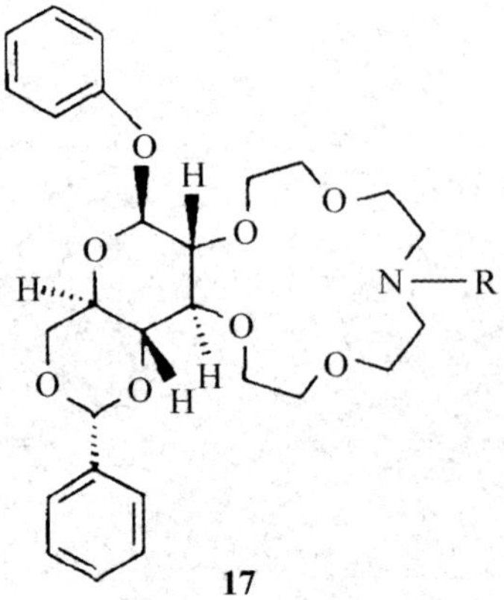

17

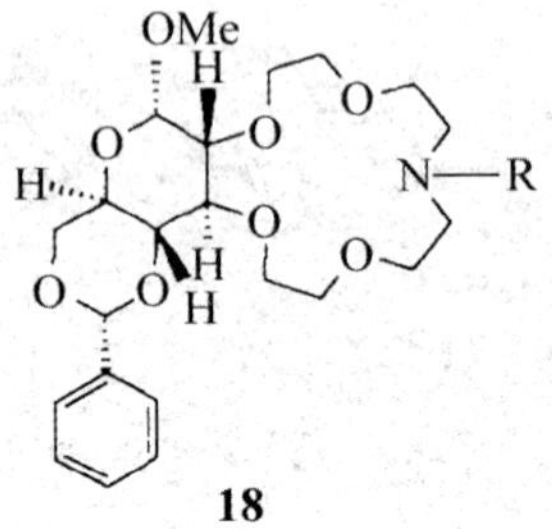

18

## 10.2.3 三相催化剂

Julia 等在 1980 年首次报道了利用三相催化剂催化查尔酮的不对称环氧化反应，获得了最高 97%(ee)的对映选择性。

常用的三相催化剂是聚-α-氨基酸或是用苯乙烯和二乙烯基苯交联的聚合物负载的聚氨基酸 **20**。三相催化体系中，通常是反应底物溶于有机溶剂中，NaOH 和氧化剂 $H_2O_2$ 溶于水中，而聚-α-氨基酸催化剂本身为固体，在两种溶剂中都不溶，因此反应在三相体系中进行。其优点是操作简便，便于反应后产物和催化剂(可回收重新使用)的分离。但在苯甲酰甲基氯和苯甲醛的Darzens 反应中，三相催化剂却没有不对称诱导作用，在硝基乙酸乙酯和查尔酮的加成反应中，光学产率也仅为 6.4%（ee)。

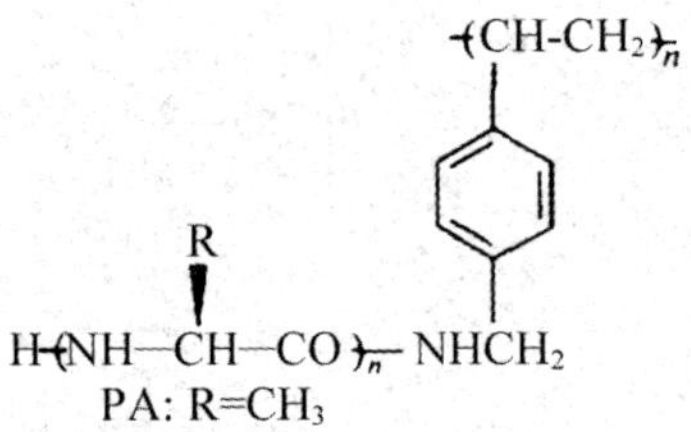

$H\!\left(NH-CH(R)-CO\right)_n-NHCH_2-C_6H_4-\left(CH-CH_2\right)_n$

PA: $R=CH_3$

PL: $R=CH_2CH(CH_3)_2$

**20**

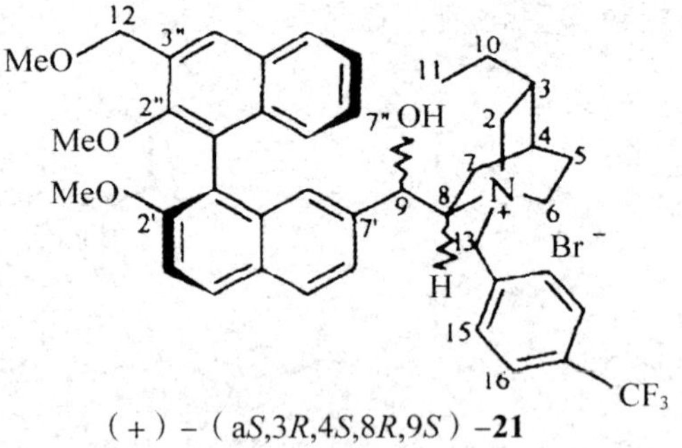

(+)-(a*S*,3*R*,4*S*,8*R*,9*S*)-**21**

(+)-(a*S*,3*R*,4*S*,8*S*,9*S*)-**22**

(+)-(a*S*,3*R*,4*S*,8*R*,9*R*)-**23**

(−)-(a*S*,3*R*,4*S*,8*S*,9*R*)-**24**

## 10.3　不对称烷基化反应

图 10-3 所示为活泼亚甲基化合物单烷基化反应的反应机理。由图可知，催化反应过程主要为：在碱的作用下，活泼亚甲基化合物发生脱质子作用(该过程发生在液-液两相或固液两相间的界面处)；通过离子交换作用，被萃取到有机相中的阴离子 $A^-$ 和相转移催化剂的手性季铵盐阳离子 $Q^+$ 生成脂溶性的离子对(D)；通过离子对的烷基化作用生成新的手性中心，同时再生出催化剂。

在生成光学活性产物的同时，通常也会有一些不希望发生的竞争反应，如“反”离子对的烷基化作用生成希望得到的产物的对映体(步骤 c)；反应物发生副反应(如酯的皂化反应、亚胺的水解等)或反应产物发生副反应、外消旋化反应(步骤 f)和第二次烷基化(步骤 g)；在两相界面处，手性季铵盐的阳离子 $Q^+$ 的数量不足时，反应物阴离子 $A^-$ 发生烷基化反应生成外消旋产物等。

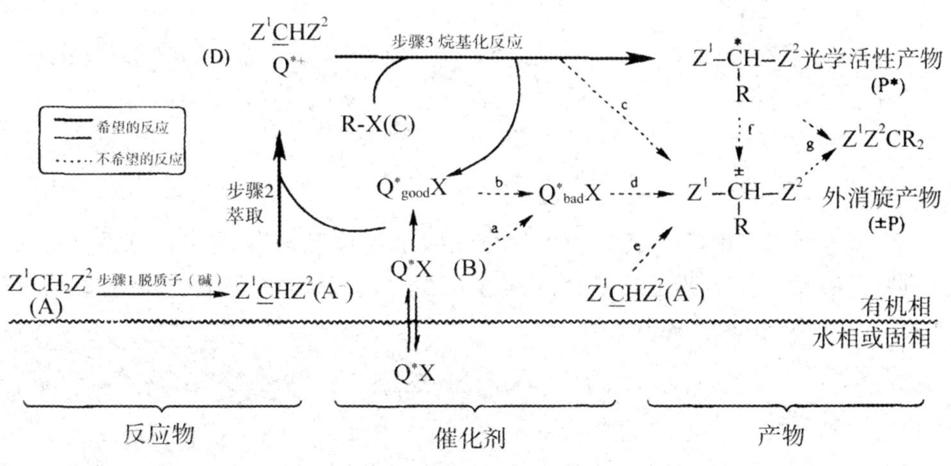


图 10-3　不对称烷基化反应机理

Dolling 等在苯基二氢茚酮 **25** 的不对称烷基化反应中首先使用了金鸡纳碱衍生物 **5**(G=H，R= $CF_3$，$X^-$= $Br^-$)作为不对称相转移催化剂。在 50% NaOH 和甲苯中反应，反应获得较好的结果，见式(10-1)。

25 → 26 [95%, 92%(ee)]
MeCl
$Q^*Br$ **5** (G=H, R=$CF_3$)
50% NaOH溶液, PhMe
20 ℃, 18 h

(10-1)

在相转移催化的不对称烷基化反应中，除使用由金鸡纳碱衍生的手性季铵盐作催化剂外，也可以使用其他的手性季鏻盐作催化剂。如β-酮酸酯**28**的不对称烷基化反应中使用了手性季鏻盐**27**作相转移催化剂，反应生成α-苄基-β-酮酸酯(*R*)-**29**，反应的光学产率为50%(ee)，见式(10-2)。

**27**　**28** → (*R*)-**29**
PTC **27**
$PhCH_2Br$
$K_2CO_3$(aq.)
甲苯

(10-2)

烷基化产物30R=$(CH_2)_3Cl$，通过酯基还原和环化反应生成手性的四氢吡喃**31**，**31**通过双键的氧化断裂生成醛**32**，后者可转化为相应的醇**33**和它的苯甲酸酯**34**，见式(10-3)。

**30** → **31** → **32**–**34**
Ar=4-$Me_2NC_6H_4$
**32** X=CHO
**33** X=$CH_2OH$
**34** X=$CH_2OCOC_6H_5$

(10-3)

近年，Maruoka等报道了利用联萘作为基本结构单元合成了具有$C_2$对称性的手性季铵盐**35**和**36**。他们在亚胺**37**的不对称烷基化反应中获得了很好的对映选择性。

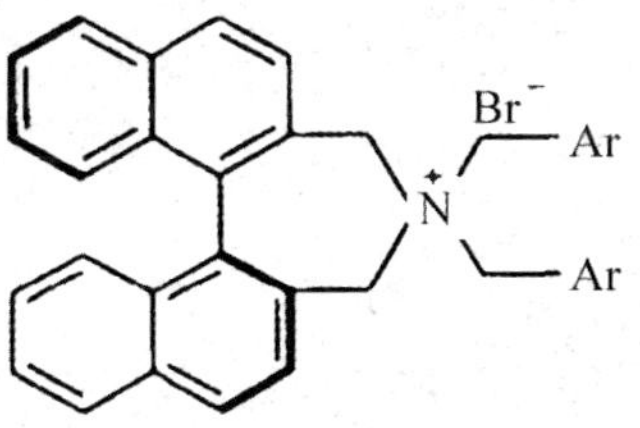

**35**

**a:** Ar=Ph

**b:** Ar=α-Np

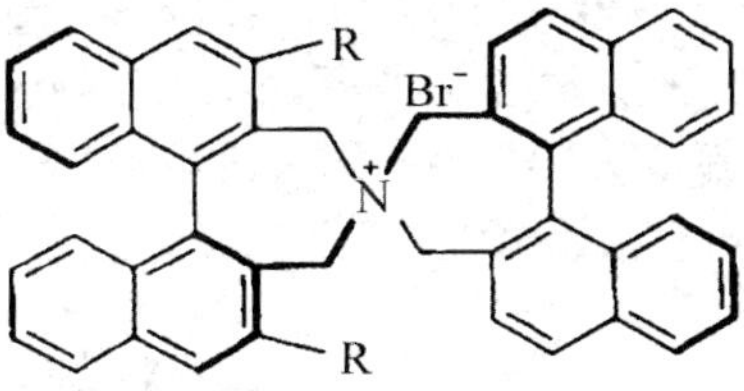

**36**

**a:** R=H

**b:** R=Ph

**c:** R=β-Np

**d:** R=3,4,5-$F_3$Ph

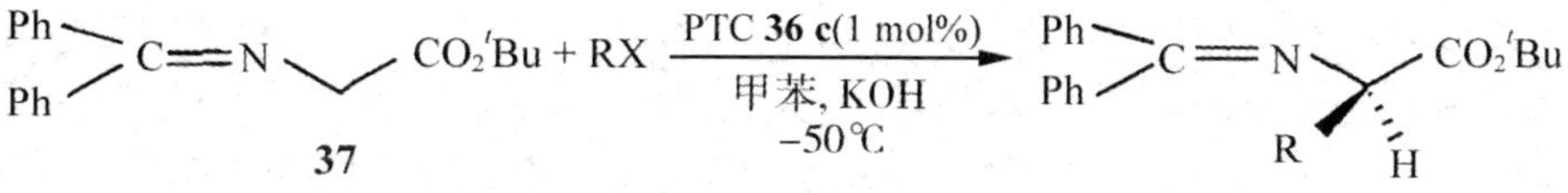

$Ph_2C{=}NCH_2CO_2{}^tBu$ (**37**) + RX $\xrightarrow[\text{甲苯, KOH, }-50℃]{\text{PTC } \mathbf{36\,c} (1\ \text{mol\%})}$ $Ph_2C{=}N{-}CH(R)CO_2{}^tBu$

## 10.4　不对称 Michael 加成反应

环状 β-酮酸酯 **38** 和甲基乙烯基酮 **39** 在相转移催化剂冠醚 **16** 存在下发生不对称 Michael 加成反应，见式 10-4。反应有很高的对映选择性，反应要求在低温下进行，升高温度会降低反应的光学产率。若反应在室温下进行，反应的光学产率降至 67%(ee)。

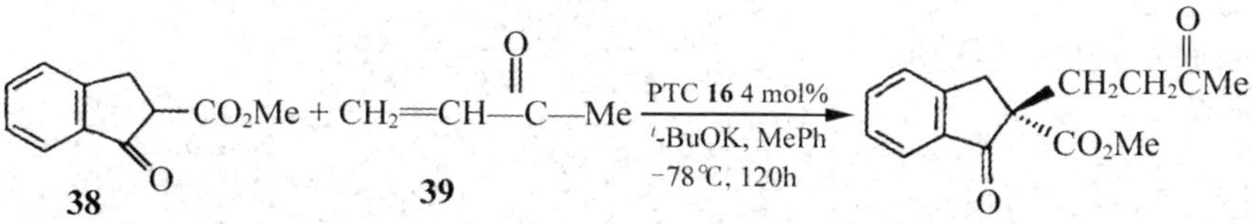

**38** + $CH_2{=}CH{-}C(O){-}Me$ (**39**) $\xrightarrow[t\text{-BuOK, MePh, }-78℃,\ 120h]{\text{PTC } \mathbf{16}\ 4\ \text{mol\%}}$ (*R*)-**40**, 48%, 99%ee （$CH_2CH_2C(O)Me$, $CO_2Me$）

(10-4)

Toke 等报道了冠醚 **17**( R = $CH_2CH_2Ph$ )作手性相转移催化剂，催化 2-硝基丙烷 **41** 和查尔酮 **42** 的 Michael 加成反应，见式 10-5。当使用手性冠醚 **18**( R = $CII_2CH_2OH$ )时，**41** 和 **42** 的 Michael 加成反应的化学产率为 75%，光学产率为 60%(ee)。

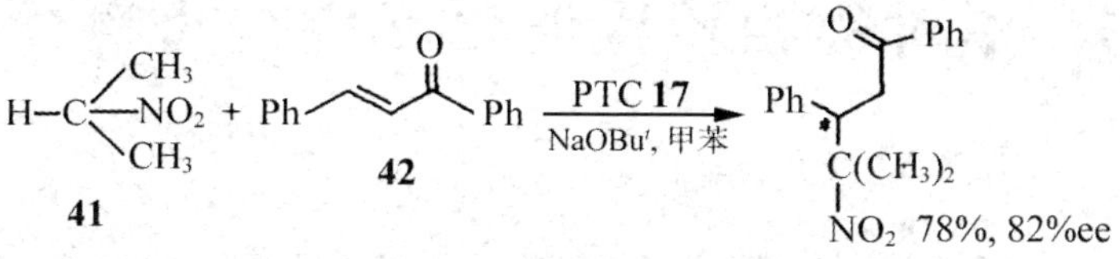

$H{-}C(CH_3)_2NO_2$ (**41**) + $PhCH{=}CHC(O)Ph$ (**42**) $\xrightarrow[\text{NaOBu}^t\text{, 甲苯}]{\text{PTC } \mathbf{17}}$ $PhC^*H(C(CH_3)_2NO_2)CH_2C(O)Ph$ (**43**) 78%, 82%ee　(10-5)

手性冠醚**44**在苯基乙酸甲酯**45**和丙烯酸甲酯**46**的不对称Michael加成反应中是有效的手性相转移催化剂。反应生成的($S$)-**47**为主要产物，化学产率82.3%，光学产率84.4%(ee)。该反应的反应速度很快，即使在-78 ℃的低温下，反应也只要几分钟即可完成。

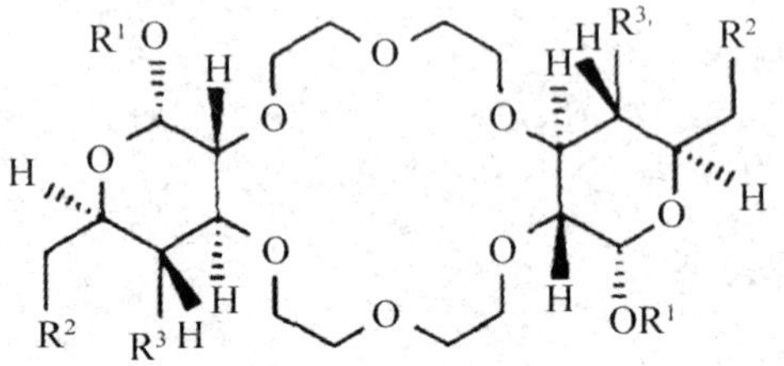

**44** ($R^1$=Me, $R^2$=$R^3$=OBu)

$$PhCH_2CO_2Me + CH_2{=}CHCO_2Me \xrightarrow[KO^tBu,\ -78\ ^\circ C]{PTC\,44} Ph\overset{*}{C}H(CO_2Me)CH_2CH_2CO_2Me$$

**45**　　**46**　　($S$)-**47**

1998年Corey等报道了利用手性季铵盐**13**作相转移催化剂催化甘氨酸叔丁酯二苯酮亚胺**37**和环己烯酮的Michael加成反应，见式(10-6)。在第一步反应中，产物**49**的化学产率为88%，光学产率达99%(ee)。

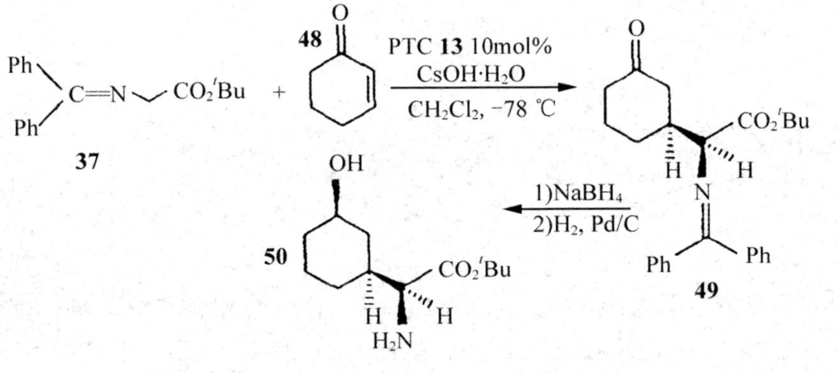

**37** $Ph_2C{=}NCH_2CO_2{}^tBu$ + **48** $\xrightarrow[CH_2Cl_2,\ -78\ ^\circ C]{PTC\ 13\ 10mol\%,\ CsOH\cdot H_2O}$ **49** $\xrightarrow{1)NaBH_4;\ 2)H_2,\ Pd/C}$ **50**

(10-6)

## 10.5　不对称相转移催化反应在药物合成中的应用

目前，不对称相转移催化烃化在药物合成中主要是用来制备手性非天然氨基酸、手性多肽等，一般可通过利用金鸡纳碱衍生的手性相转移催化剂和 $C_2$-对称的手性相转移催化剂催化甘氨酸衍生物的不对称烃化反应制得。

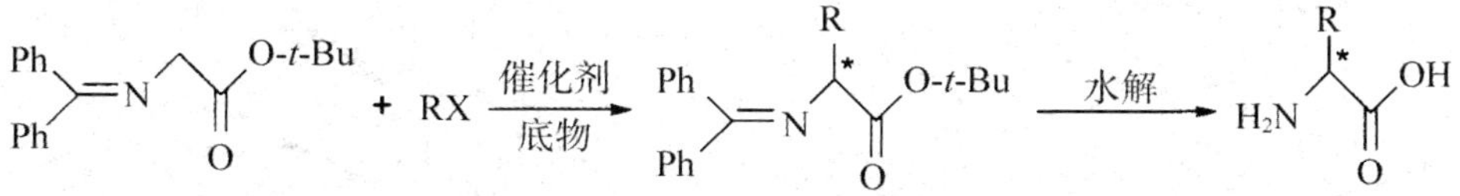
Ph
Ph
N
O-t-Bu
O
+ RX
催化剂
底物
R
*
O-t-Bu
水解
H2N
OH

相转移催化的不对称烷基化反应是合成具有光学活性的天然有机化合物和药物的有效方法。如合成(−)-毒扁豆碱(physostigmine)**51**(临床上使用的抗胆碱酯酶剂，用于治疗青光眼和重症肌无力)的重要中间体(*S*)-**53**，可以通过2-羟基吲哚**52**的相转移催化不对称烷基化反应合成，光学产率最高为78%(ee)。

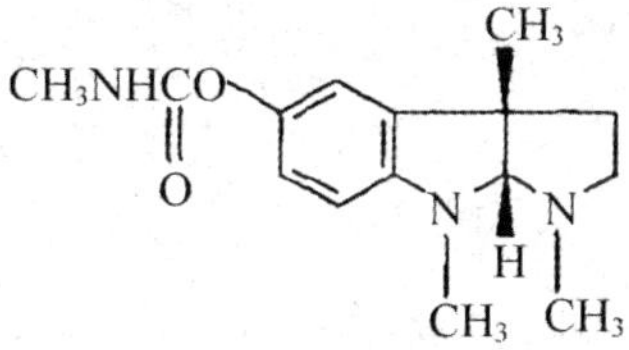
CH3NHCO
CH3
H
CH3　CH3

**51**(−)-毒扁豆碱

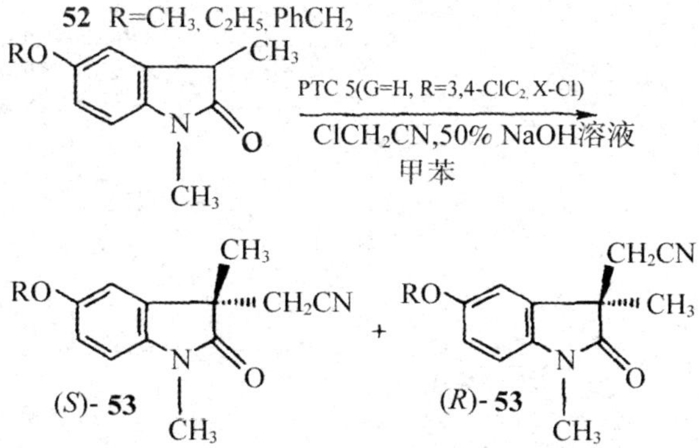
52　R=CH3, C2H5, PhCH2
RO
CH3
PTC 5(G=H, R=3,4-ClC2, X-Cl)
ClCH2CN,50% NaOH溶液
甲苯
CH2CN
(S)- 53
(R)- 53

具有桥环结构的氨基四氢化萘(−)-Wy-16225 **54**是一种有效的止痛药，合成**54**的重要中间体α-烷基四氢萘-2-酮**56**，可由四氢萘-2-酮**55**的相转移催化不对称烷基化反应生成。

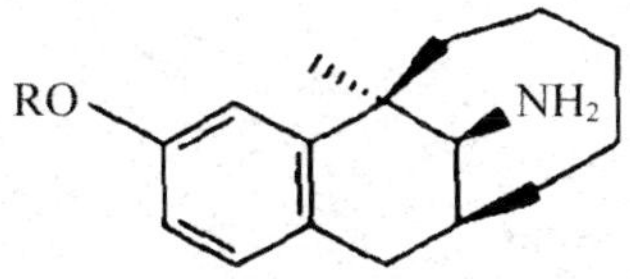
RO
NH2

**54**　(-)-Wy-16225
R=H

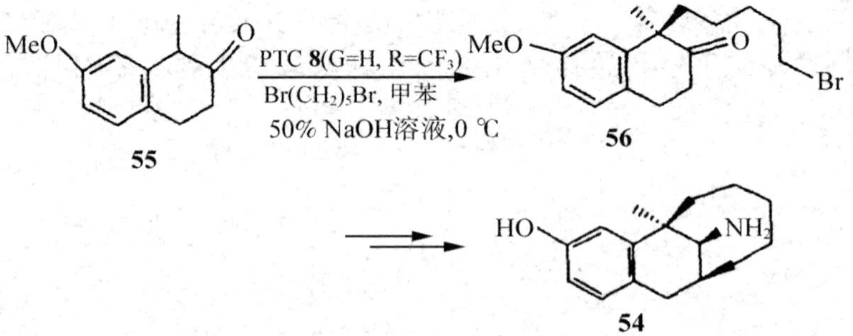

55 → 56 (PTC 8(G=H, R=$CF_3$), $Br(CH_2)_5Br$, 甲苯, 50% NaOH溶液, 0 ℃) → 54

烷基化反应的化学产率为 71%，光学产率>60%(ee)。烷基化的四氢萘-2-酮 **56** 经过合环、成肟、还原等反应生成氨基四氢化萘(-)-Wy-16225。

另外，手性相转移催化剂还可以用来催化不对称 Michael 反应，用于 cylindricine 类生物碱的全合成。

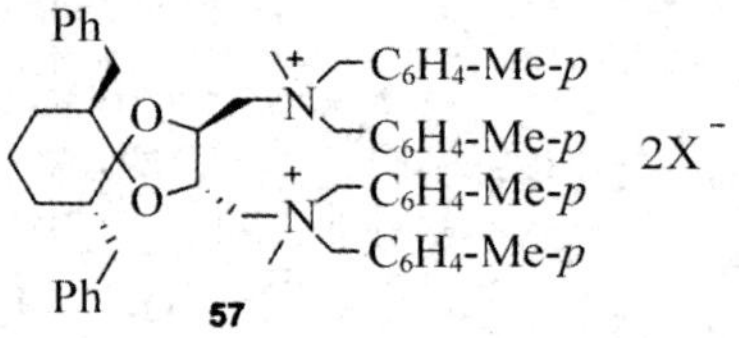

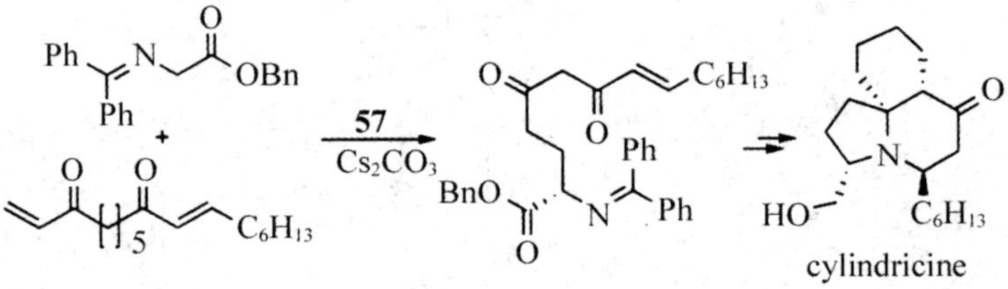

**57**

57, $Cs_2CO_3$ → cylindricine

# 参考文献


［1］郭庆君. 手性磷酰胺类配体不对称催化串联反应合成手性 3-取代苯酞化合物［J］. 高等学校化学学报，2019，40(10)：2104-2110.

［2］楚兴. 探讨有机催化的不对称 Michael 加成反应［J］. 化工管理，2019(21)：177-178.

［3］刘金宇. 不对称有机双功能催化在构筑复杂分子骨架中的应用［D］. 兰州大学，2019.

［4］Shi Taoda, Teng Shenghan, Gopi Krishna Reddy Alavala, et al.Catalytic asymmetric synthesis of 2, 5-dihydrofurans using synergistic bifunctional Ag catalysis.[J].Organic & biomolecular chemistry, 2019, 17(38): 8737-8744.

［5］付晓飞，赵文献. 烯烃的双官能团化反应研究进展［J］. 有机化学，2019(3)：625-647.

［6］刘洋，宋瑞娟. 多孔有机聚合物在非均相催化中的研究进展［J］. 科技视界，2018(31)：58-59+45.

［7］张毛毛，骆元元，陆良秋，等. 过渡金属与有机小分子协同催化的不对称烯丙基取代反应研究进展［J］. 化学学报，2018，76(11)：838-849.

［8］李茂霖，陈梦青，徐彬，等. 铑和手性螺环磷酸协同催化 α-芳基重氮酮对醇的 O—H 键的不对称插入反应［J］. 化学学报，2018，76(11)：883-889.

［9］周天云. 手性磷酰亚胺酸不对称催化 γ-丁烯内酯的合成研究［D］. 吉林大学，2018.

［10］陈伟豪. 铑催化 C-H 活化诱导的烯烃功能化机理研究［D］. 江西师范大学，2018.

［11］杜建宇，谷永忠，周扬，等. 不对称环氧化反应研究进展［J］. 当代化工研究，2018(7)：166-167.

［12］沃尔什,科兹洛夫斯基. 不对称催化基础［M］. 赵金钵，译. 北京：化学工业出版社，2018.

［13］吕志果，李星星，郭振美. P—Rh 不对称氢甲酰化手性催化体系研究新进展[J]. 青岛科技大学学报(自然科学版),2017,38(2)：18-26.

［14］夏清华，周丹，鲁新环，等. 不对称催化环氧化技术及催化剂：第一册［M］. 北京：科学出版社，2017.

[15] 杨丽烽. 手性噁唑啉配体的合成及在偶联反应中的应用 [J]. 广州化工，2017，45(23)：46-48.

[16] 姚远，朱海杰，张登华，等. 催化不对称氧杂 Michael 加成反应合成吲哚基醚类化合物 [J]. 安徽化工，2017，43(6)：51-53.

[17] 杜开涛，卢翠芬，杨桂春，等. 季戊四醇支载手性咪唑啉酮催化不对称 Diels-Alder 反应研究 [J]. 湖北大学学报(自然科学版)，2016，38(4)：373-377.

[18] 刘洋，黄龙江，滕大为. 手性记忆策略在 α-氨基酸不对称烷基化反应中的研究进展 [J]. 化学与生物工程，2013，30(1)：20-23.

[19] 孙香婷. 若干不对称有机催化反应的理论研究 [D]. 山东大学，2012.

[20] 尤田耙，林国强. 不对称合成 [M]. 北京：科学出版社，2011.

[21] 唐珂. 不对称有机催化合成反应机理研究 [D]. 山东大学，2011.

[22] 林国强，李月明，陈耀全，等. 手性合成：不对称反应及其应用 [M]. 第 4 版. 北京：科学出版社，2010.

[23] 丁奎岭，范青华. 不对称催化新概念与新方法 [M]. 北京：化学工业出版社，2009.

[24] 罗成礼，匡永清，王莹，等. 不对称二羟化反应合成(S)-盐酸普萘洛尔 [J]. 合成化学，2008(3)：351-353.

[25] 邓昌晞，杨勇，袁友珠. 离子液体两相不对称氢甲酰化催化反应的研究 [J]. 分子催化，2007(1)：13-18.

[26] 杨王贵，吴帅，施敏. 含硫手性配体催化的有机锌试剂在不对称加成反应中的最新研究进展 [J]. 有机化学，2007(2)：197.

[27] A. Berkessel，H-Groger. 不对称有机催化：从生物模拟到不对称合成的应用 [M]. 赵刚，译. 上海：华东理工大学出版社，2006.

[28] 柳文敏，王平安，张生勇，等. 手性 β-氨基醇的合成及其催化二乙基锌与醛的不对称加成反应 [J]. 有机化学，2006(4)，518-522.

[29] 苟劲，刘永红，徐红，等. 不对称氢化反应技术在药物合成中的应用研究 [J]. 重庆工学院学报，2006，20：136.

[30] 程司堃，匡永清，路丽华，等. 1，4-双(9-O-奎宁)-2，3-二氮杂萘-$OsO_4$催化烯烃的不对称氨羟化反应 [J]. 高等学校化学学报，2004(4)：651-653+4.

[31] 张生勇，郭建权. 不对称催化反应：原理及在有机合成中的应用 [M]. 北京：科学出版社，2003.

[32] R. O. C. Norman, J. M. Coxon. Principles of Organic Synthesis [M]. Cheltenham: Nelson Thornes, 2001.
[33] 林国强, 陈耀全, 陈新滋, 等. 手性合成: 不对称反应及其应用 [M]. 北京: 科学出版社, 2000.
[34] 殷元骐, 蒋耀忠. 不对称催化反应进展 [M]. 北京: 科学出版社, 2000.
[35] 戴慧聪, 陈惠麟, 郑卓, 等. 新型手性膦配体的合成及其在不对称催化中应用的新进展 [J]. 分子催化, 2000, 14(6): 426-440.
[36] 陈敏东, 吕士杰. 糖衍生的手性膦配体的合成及在不对称催化中的应用 [J]. 分子催化, 2000, 14(6): 441.